"浙江树人学院专著出版基金"资助出版

二维材料的光学非线性吸收及载流子动力学研究

邵雅斌 著

扫一扫查看
全书数字资源

U0316089

北 京

冶 金 工 业 出 版 社

2024

内 容 提 要

本书共分6章,内容包括:绪论、实验技术及理论、黑磷纳米片的超快光物理过程、共振效应对二硫化钨非线性吸收的影响、Ti_3C_2纳米片的宽带反饱和吸收、结论。

本书可供从事材料设计、合成、光电子器件制造等方面的工程技术人员和研究人员阅读,也可供高等院校材料、物理电子学、光学等专业的师生参考。

图书在版编目(CIP)数据

二维材料的光学非线性吸收及载流子动力学研究/邵雅斌著 . —北京:冶金工业出版社,2022.2 (2024.3 重印)

ISBN 978-7-5024-9203-8

Ⅰ. ①二… Ⅱ. ①邵… Ⅲ.①纳米材料—非线性光学—研究 ②纳米材料—动力学—研究 Ⅳ.①O437 ②TB383

中国版本图书馆 CIP 数据核字(2022)第 118385 号

二维材料的光学非线性吸收及载流子动力学研究

出版发行	冶金工业出版社	电　话	(010)64027926
地　　址	北京市东城区嵩祝院北巷 39 号	邮　编	100009
网　　址	www.mip1953.com	电子信箱	service@mip1953.com

责任编辑　王　颖　美术编辑　彭子赫　版式设计　郑小利
责任校对　梅雨晴　责任印制　窦　唯
北京富资园科技发展有限公司印刷
2022 年 2 月第 1 版,2024 年 3 月第 2 次印刷
710mm×1000mm　1/16; 11 印张; 212 千字; 165 页
定价 99.90 元

投稿电话　(010)64027932　投稿信箱　tougao@cnmip.com.cn
营销中心电话　(010)64044283
冶金工业出版社天猫旗舰店　yjgycbs.tmall.com
(本书如有印装质量问题,本社营销中心负责退换)

前　言

<<<<<<<<<<<<<<<<<<<<<<<<<<<<<<<<<<<<<<<<<<<<<<<<<<<<<<<<<<<<<<<<<<<<<<<

　　与块体材料相比，具有低维结构的材料有特殊的物理和化学性质。三个空间维度均在纳米尺寸的材料是零维量子点；而只有一个维度在纳米尺寸的材料称为二维材料，其物质结构通常为单原子层或多原子层纳米片。二维材料的原子层内由化学键键合，而层间由范德华力作用在一起，这种二维层状结构导致材料的物理和化学性质在具有各向异性的同时兼具小尺寸效应和量子限域效应，展现出有别于体块材料的有趣物性，使其在非线性光学和宽波段超快激光等领域具有重要的研究价值和广阔应用前景。

　　研究和理解相关二维材料的非线性光学性质，包括载流子弛豫机制、非线性宽带饱和吸收原理等将有助于推动光与新颖物质相互作用研究，并为其在光电领域的应用提供实验依据和理论支撑。本书研究了二维黑磷（Black Phosphorus，BP）纳米片、二硫化钨（WS_2）纳米片和 Ti_3C_2 纳米片的光学非线性吸收及载流子动力学，具体研究内容如下：

　　（1）黑磷纳米片的非线性吸收及载流子动力学。利用多波段激发 Z 扫描实验系统研究了黑磷纳米片在可见光波段的非线性吸收特性，观察到随着波长的增加，饱和光强呈增大趋势，这说明黑磷在可见光波段的吸收能力随入射光波长的增加而增强。进一步，使用不同入射能量纳秒激光激发，观察到了从饱和吸收至反饱和吸收的转化过程，说明出现了线性吸收与双光子吸收相争的物理过程。阐明了不同脉冲宽度和不同溶剂对黑磷的饱和吸收强度的影响。

　　通过不同波长激发的瞬态吸收光谱，研究了黑磷纳米片对泵浦能量和波长依赖的载流子动力学。发现 400nm 波长飞秒脉冲激发时，在大的泵浦能量下观察到了一个额外的衰减通道，提出了一个有效子带结构解释了其机理；在 800nm 波长飞秒脉冲激发时，观察到反常的能量依赖寿命关系，源于线性吸收和双光子吸收之间竞争，阐明了对于 400nm 和 800nm 的泵浦光，衰减时间随着探测波长变化的规律。

（2）二硫化钨纳米片的非线性吸收及载流子动力学。利用 Z 扫描实验研究了 WS_2 纳米片的宽带（450~700nm）非线性光学响应，在低入射能量下观察到了与入射光波长相关的饱和吸收现象，饱和光强的变化起源于基态漂白机理。研究了 WS_2 纳米片的共振增强效应，在共振吸收峰 500nm 处不同激发能量的非线性吸收特性，发现随着入射能量的增加，从饱和吸收到反饱和吸收的转化，解释了线性吸收与双光子吸收竞争的物理过程。

通过对不同能量下 Z 扫描曲线数值拟合提取的光吸收参数与 532nm 时的参数对比，发现共振峰处饱和吸收出现了增强，阐明了共振吸收导致饱和吸收增强的物理机理。通过研究 WS_2 掺杂银纳米粒子的非线性吸收特性，发现了金属纳米粒子对二维材料非线性吸收的增强作用，说明金属纳米粒子的等离激元共振效应能有效增强 WS_2 的饱和吸收。通过飞秒瞬态吸收光谱研究了 WS_2 纳米片的载流子动力学，发现能量转移包含快、慢两种衰减组分，分别对应能量转移中的电子-声子耦合与声子-声子耦合作用，运用双 e 指数载流子弛豫模型进行了阐释。

（3）Ti_3C_2 纳米片的非线性吸收及光物理机制研究。利用 Z 扫描实验研究了 Ti_3C_2 纳米片不同波段的非线性光学响应，发现了反饱和吸收效应。建立了 Ti_3C_2 纳米片在可见光区间关于能量和波长的非线性吸收的系统性研究，阐明了其双光子吸收的物理过程。

为了研究 Ti_3C_2 纳米片的载流子动力学，进行了瞬态吸收实验。研究结果表明，Ti_3C_2 纳米片的能量弛豫寿命随着激发能量的增加而变长。通过对 Ti_3C_2 纳米片掺杂银纳米粒子的瞬态吸收研究，发现掺杂了银粒子的 Ti_3C_2 纳米片，弛豫寿命比纯 Ti_3C_2 纳米片长，通过能量弛豫模型提取了载流子弛豫寿命，阐明了金属粒子掺杂产生中间能级转移和俘获载流子的光物理过程。

本书系浙江树人学院学术专著系列。

感谢高亚臣教授、吴文智教授、孔德贵老师、高扬老师的多方面指导；感谢妻子陈晨的无私奉献；还要感谢我的儿子邵启弘，他是我前进的动力。

由于编者水平所限，书中难免存在疏漏和不妥之处，敬请广大读者批评指正。

邵雅斌

2022 年 1 月

目　　录

1 绪　　论

1.1　背景

　　人类历史上有三次重要的革命性技术突进，第一次是机械化时代的革命，第二次是电气化时代的革命，第三次是信息化时代的革命；当下的第四次工业革命将是："光子集成+人工智能+生命科学"的革命，光学革命的时代已经来临。在过去的半个世纪，光学领域的重要创新捧走了近 20 个诺贝尔奖，大量的技术成果也走进了我们的生活，在通信、医疗、信息技术领域承担着重要角色。

　　然而，光子还未达到如同电子在整个科技产业的支配性地位，人类对作为玻色子的光子的认识和利用，远不如作为费米子的电子般"炉火纯青"。光子虽然在光通信、光显示、光存储等产业中是关键器件，但在系统和设备层面所占比重却"轻如鸿毛"。

　　在人类社会已进入产生海量数据的万物互联时代的背景下，传统电子集成技术解决方案已逼近理论及工程极限。放眼新的技术载体——光子，因其本身具备承载信息和能量的独特物理特性，将光子技术的优越性与电子产业的成熟性相结合，极有可能突破瓶颈，进而推进技术的革命性进步。

　　光与物质相互作用的理解，随着人类认知能力的提高在不断演变。比如光的反射定律在欧几里得时代就已经扬名于古希腊文明。在我国战国时期，墨子就已经发现光的反射定律，并就此建立了中国的光学体系。但这种对光的理解停留在对光的传播和运用形式上，在工程应用中光在物质中的传播及其规律是研究的重点。

　　光在真空中传播，将沿着固有方向不发生改变，即线性传播。当一束光与物质相遇并在其中传播，则会发生光与物质的相互作用，物质的折射率随入射光强的变化可能发生改变，物质对光的响应会呈现线性和非线性两种结果。入射光强与透射光强呈现非线性比例的情况，即为非线性光学的研究领域，非线性光学是研究非线性材料中光学行为的光学分支，材料的光学非线性表现为光学常数的变化，例如吸收系数、折射率等。相关领域的工作可以追溯到 1875 年 Kerr 在强外部直流电场作用下观察到的固体和液体的非线性光学响应，即克尔效应（Kerr Effects）。然而非线性光学并没有顺势得到迅速的发展，直至 1960 年，得益于红宝石激光器问世，Franken 等在 1961 年观察到了光学二次谐波（SHG）产生，标志着现代非线性光学的诞生。随后各类非线性效应如雨后春笋般出现，如四波混频、受激拉曼散射、双光子吸收以及自相位调制等，相关性质依赖于非线性材料。

非线性光学材料在光子学的诸多领域，如光子的产生、操控、传输、检测以及成像方面发挥着越来越重要的作用。事实上，这些非线性材料已经使各种光电器件例如脉冲激光器、全光开关、光调制器、光电探测器和光存储器等成为可能，并被应用于医疗和工业材料加工应用的超快脉冲激光器的饱和吸收体，用于大规模电信网络的光孤子器件、频率转换器以及生物成像技术中，并且在应用的过程中凸显出光学技术相对于电子技术运行速度快、可靠性好的优势。

在光学系统中，如图 1-1（a）所示，自由空间光学系统在实验室中有很好的应用，然而由于其对环境扰动的敏感性以及高能耗要求，使其应用严重受限。随着低损耗低能耗光纤系统的出现，基于光纤和波导的系统在 20 世纪 70 年代开始大规模应用于电信工业。20 世纪 90 年代，在互联网带宽的爆炸性增长驱动下，芯片上的集成光学系统即光子集成电路取得长足进步。

与光子系统进步相伴的便是光学材料的选取，如图 1-1（b）所示，从块体材料硼酸盐（BBO）晶体、半导体可饱和吸收镜（SESAM）、硅基光子材料，直至纳米尺寸的一维碳纳米管、二维石墨烯等在超快激光和光通信等技术的巨大需求推动下，寻找新的具有优秀非线性饱和吸收特性的光学功能材料就是一个紧迫的课题。

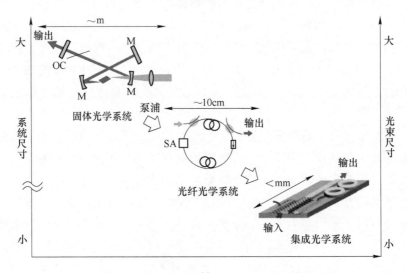

(a)

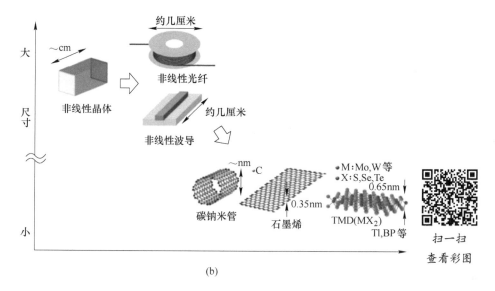

图 1-1 光学系统的演进过程

（a）光学系统的演变；（b）非线性光学器件的演化

我们所关注的是光在物质中的传播及其规律，物质对光的吸收、散射和折射等物理过程。二维材料具有广阔的应用前景，它们为基础科学研究提供了一个全新的平台，并提供了多种不同寻常的物理性质，可用于实际应用。因此，深入了解二维材料的非线性光学特性及载流子动力学意义重大，是这一研究领域快速取得实验和理论进展的前提。

1.2 非线性光学简介

1.2.1 非线性光学概述

当光在物质中传播，在光电场的作用下，材料的微观电荷会发生相对位移，进而感应出极化电场，描述这个电场的极化强度可分成线性极化强度和非线性极化强度两部分。自然光入射物质时，由于光电场很弱，可以只保留线性部分而忽略非线性部分。弱电场作用下极化强度 P 可以表示为

$$P = \varepsilon_0 \chi E \tag{1-1}$$

而当我们在激光入射条件下考虑光电场作用时，非线性部分则变得举足轻重，在高光强作用下，光电场产生的极化强度 P 与入射光辐射强度 E 将从弱光作用下的线性关系变为非线性关系，此时极化强度 P 与入射强度 E 的二次、三次等高次项

相关。可通过泰勒级数展开为

$$P = \varepsilon_0 \left[\chi^{(1)} E + \chi^{(2)} E^2 + \chi^{(3)} E^3 + \cdots \right] \tag{1-2}$$

将电场定义为 $E = E_0 \sin\omega t$，代入式（1-2）可以推得式（1-3）：

$$P = \chi^{(1)} E_0 \sin\omega t + \chi^{(2)} E_0^2 \sin^2\omega t + \chi^{(3)} E_0^3 \sin^3\omega t + \cdots$$

$$= (1/2)\chi^{(2)} E_0^2 + (\chi^{(1)} E_0 + (3/4)\chi^{(3)} E_0^3) \sin\omega t - (1/2)\chi^{(2)} E_0^2 \cos2\omega t -$$

$$(1/4)\chi^{(3)} E_0^3 \sin3\omega t + \cdots$$

$$= P_0 + P_1 + P_2 + P_3 + \cdots \tag{1-3}$$

式中，P_0 为直流项，$P_0 = (1/2)\chi^{(2)} E_0^2$；$P_1$ 为基波项，$P_1 = (\chi^{(1)} E_0 + (3/4)\chi^{(3)} E_0^3)\sin\omega t$；$P_2$ 为二次谐波项，$P_2 = -(1/2)\chi^{(2)} E_0^2 \cos2\omega t$；$P_3$ 为三次谐波项，$P_3 = -(1/4)\chi^{(3)} E_0^3 \sin3\omega t$。

其中，除基波项 P_1 外，式（1-3）中各项均为非线性项，这里 P_3 是三次谐波项，定义为三阶非线性光学效应。三阶非线性极化率可表示为复数形式 $\chi^{(3)} = \chi' + i\chi''$，表达式中的复数实部代表非线性折射部分，虚部代表非线性吸收特性，表 1-1 给出了不同光学非线性的应用领域。其中非线性吸收特性与本书关系密切，下面将重点介绍。

表 1-1　非线性光学效应及其应用领域

光学非线性的阶数	非线性光学应用	用途
一阶光学非线性	折射率	光纤、光波导材料
二阶光学非线性	二次谐波产生	光倍频器
	光整流	杂化双稳器
	光混频	紫外激光器
	光参量放大	红外激光器
三阶光学非线性	三次谐波产生	三倍频器件
	克尔效应	超高速光开关
	光学双稳态	光学存储器、光逻辑运算
	饱和吸收	饱和吸收体
	双光子吸收	光限幅

1.2.2 非线性吸收简介

物质对光吸收系数与入射光强之间的变化可将吸收过程分为线性吸收与非线性吸收两种情况。光学非线性吸收指的是物质在强相干光辐照下产生的非线性效应。根据吸收机理进行分类，可将非线性吸收分为饱和吸收、双光子吸收、载流子吸收以及反饱和吸收等。

1.2.2.1 饱和吸收

入射到物质的激光，当强度增大到某一数值时，物质对光的吸收不增反减，这种现象称为饱和吸收，产生机理为泡利不相容原理。激发光辐照物质，价带中的电子受激吸收光子能量跃迁到导带，如图 1-2（a）所示。因为遵循泡利不相容原理，如图 1-2（b）所示，激发态电子将重整并排列，此时费米能级电子能级会逐渐排布占满；继续增大入射光强度，并不能有更多的光子被价带电子吸收，只能穿透，这种现象称作基态漂白，这个临界光强则为饱和光强。实验宏观表现为饱和光强之前，激光透过率随激发光能量同向增加；饱和光强之后，透过率趋于稳定，不随激发光能量变化，饱和吸收效应主要被制作成饱和吸收体，产生调 Q 及锁模脉冲，应用于固体及光纤激光器中。

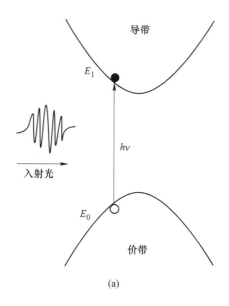

(a)

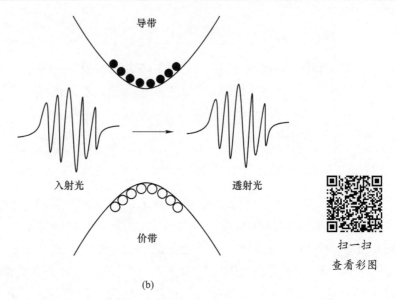

（b）

图 1-2　泡利阻塞的饱和吸收原理
（a）低强度的入射激光束通过非线性光学材料时透射率较低；
（b）高强度的入射激光束导致高透射率
（二维码彩图中蓝色实心圆代表电子，而开放圆代表空穴）

1.2.2.2　反饱和吸收

　　物质对光的吸收随着入射光强的增大同向增大的现象称作反饱和吸收，这个过程与饱和吸收效应相反。当低能级电子向高能级跃迁，激发态吸收截面较大，而基态吸收截面较小时，则出现这种吸收效应，如图 1-3（b）所示。宏观上可

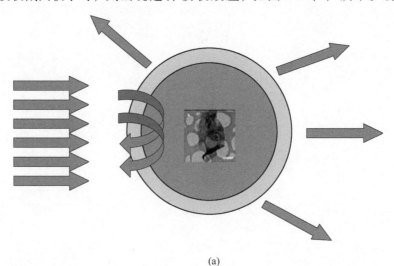

（a）

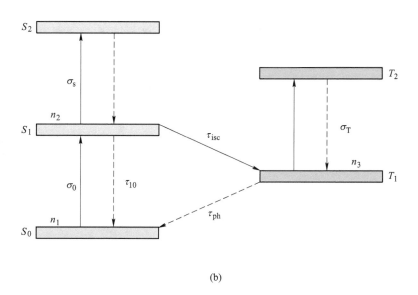

(b)

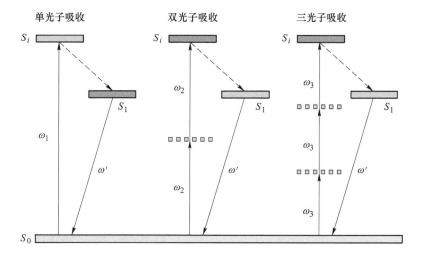

(c)

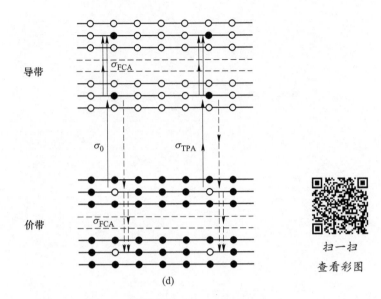

图 1-3　光限幅机理

（a）非线性散射；（b）反饱和吸收；（c）多光子吸收；（d）自由载流子吸收

观察为入射激光功率较高时，物质透过率随着入射强度增加而增大。反饱和吸收与饱和吸收是最常见的非线性吸收效应。

1.2.2.3　双光子吸收

在强激光辐照下，物质中低能级电子受激发吸收两个光子的能量跃迁到高能级的物理过程，称为双光子吸收。双光子过程中吸收的光子可能是同种也可能不同种，电子受激发时，可吸收单个光子能量跃迁到虚能级，几乎在相同时间吸收另一个光子跃迁到更高电子能级，即吸收两个光子完成从低能级跃迁到高能级的过程。图 1-3（c）列出了单、双以及三光子吸收原理。双光子吸收常见的应用为制作光限幅器件。

1.2.2.4　自由载流子吸收

如图 1-3（d）所示，电子完成能带跃迁与入射光频率和半导体带隙直接相关，当频率小于带隙，此时电子吸收光子形成电子或空穴并处于激发状态，统称自由载流子，这时的自由载流子仍受到周围电荷约束，却无法完成能带跃迁。当入射光频率大于带隙时，受激发的自由载流子能够跃迁到高能级，完成价带至导带的跃迁过程，并且此时载流子仍为自由载流子，并不能稳定存在，在受到激光辐照时，仍然能够吸收光子能量而受激跃迁到更高能级，这样的过程即为自由载流子吸收。非线性散射与多光子吸收、反饱和吸收、自由载流子吸收均能作为光限幅应用的作用机理，制作光限幅器件。

1.3 载流子动力学

对于半导体而言，光的辐照导致电子吸收光子完成带间跃迁，能量大于跃迁带隙，导致电子吸收光子能量受激跃迁进入导带，价带则由于失去电子而产生空穴。这一被光子激发的电子空穴对即为载流子，载流子随后会经过一系列复杂的弛豫过程，将从光子得到的能量进行转移，并且最终回归到基态，如图 1-4 所示。常见的载流子弛豫机制时间尺度都是在 ps 至 ns 量级，目前已知最快在 fs 量级内。激光激发后将发生热平衡过程并产生相应的能量分布，这个过程中，载流子能量弛豫过程，以及载流子复合应该被重点讨论。

首先看载流子能量的弛豫过程。最初，激光入射样品，导致样品中电子等吸收光子能量，电子接收光子能量发生跃迁到价带并将一部分能量以光学声子发射出去，在样品的导带和价带产生了数量巨大的非平衡载流子，此时的载流子携带能量并处于特定动量和能量分布状态，且服从 δ 函数分布，这时电子温度极高，甚至能够达到上千摄氏度，如图 1-4（a）所示。随后过程中，如图 1-4（b）所示，局部的非平衡状态会迅速向周围扩散，在几十飞秒内，随机化重整发生，动量和能量同时弛豫，系统逐步趋于平衡态。此过程中，载流子之间的散射会在 10fs 时间尺度内完成动量弛豫。通过电子与电子、空穴与空穴之间的碰撞过程，导致局部载流子温度趋于一致，载流子热化呈现费米—狄拉克分布，如图 1-4（c）所示。随着时间的推移，电子与空穴通过光学声子作用形成统一的温度，但仍然高于晶格温度。这种温度差会导致载流子与声子继续相互作用，系统中的能量传递给晶格，热载流子与晶格达到热平衡的同时进一步进行能量弛豫，失去了多余的动能并导致晶格温度升高。然后，我们再来看载流子复合过程及其能量转移，如图 1-4（e）~（h）所示。讨论载流子的能量弛豫时，光学声子发射是光激发载流子能量弛豫的一个关键组成部分。通过与晶格相关的多声子过程，所有光学声子都会衰减成两个或者多个低能量声子。这个过程的衰减时间取决于晶格温度，低温约 10ps，室温约 4ps。

在更长的时间尺度上，载流子复合，将发生在导带中电子带间跃迁，回落价带与空穴复合。同时伴有高载流子密度将导致俄歇复合过程发生，此过程约为 100ps。载流子经过带内跃迁以及带间跃迁过程将会弛豫到导带底或者价带顶，之后的能量转移主要通过带间复合完成辐射，缺陷辅助复合，以及将声子和光子发射出去，这将是一个 ns 时间量级的过程，如图 1-4（d）（h）所示。两个过程造成特定能量的载流子密度的指数衰减。所以从指数拟合中得到时间常数的倒数，分别为能量弛豫或载流子复合速率。

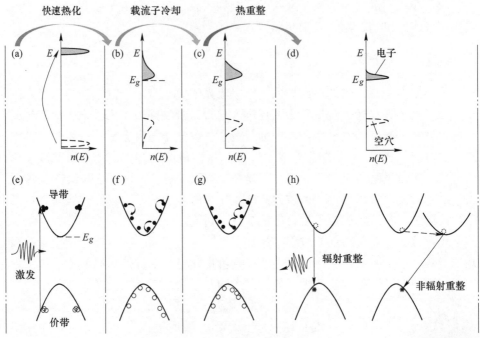

图 1-4　载流子能量的弛豫过程

（a）～（d）载流子激发、快速热化、冷却和重组过程的示意图；

（e）载流子跃迁到导带和在非热能的状态；

（f）非平衡状态载流子迅速热化散射路径；

（g）冷却载体通过带内载流子—声子散射；

（h）电子重整与价带中的空穴通过辐射或无辐射复合直到回到平衡分布

扫一扫
查看彩图

1.4　二维材料的非线性光学

非线性光学一直关注发生在三维光学物质中的光与物质的相互作用。随着二维材料的出现，这种范式发生了巨大变化。因二维材料具备不同的电子属性和能带结构，其新颖的光子学特性，给光学领域的研究者们带来了极大的激励。

1.4.1　二维材料简介

"以微见长"的纳米科技，经过近 30 年的快速发展，已成为全球最热门的前沿科技领域之一。细于头发丝，尺度在十亿分之一米的纳米科技自诞生以来，经过数十年的发展，已经对医学和量子计算等众多领域产生了巨大的影响。人们对材料的光学、电学等物理性质的研究层次在不断深入，出现了从宏观到微观的巨大变化。纳米粒子在三个空间维度上都是纳米量级，是准零维（Quasi-zero dimension）的一类材料，仅由数量较少的原子或分子组成，从宏观角度来讲就是点状物。纳米粒子中的电子在各个运动方向均受到约束，表现出明显的尺寸效应与量子限域效应（Quantum Confinement Effect）。与普通的体材料相比，纳米材料由于尺寸小到纳米范畴后带来的直接影响是表面原子占比大大增加，使得材料的物理性质出现很多新奇的变化。由于尺寸效应和量子限域效应导致电子结构由体材料连续的能级结构变成类似原子、分子的分立型能级结构。除此之外，不同的粒子尺寸和纳米粒子中原子的构成比例不同，也会对材料的性质产生较大影响。

1981 年，扫描隧道显微镜的发展让科学家们能看到单个原子，成为纳米科学领域的突破性时刻。此后，科学家们已经制造出了纳米颗粒、纳米线、纳米管、纳米片、纳米结构材料、复杂拓扑纳米结构，甚至纳米海胆等。相应材料制造的场效应发射器、生物传感器和太阳能电池，已经广泛应用。基于纳米颗粒的癌症疗法、用于水净化的纳米结构膜，甚至防晒霜、抗皱衣物、高尔夫球杆，纳米技术已经逐渐深入到我们日常生活的每个角落。除尺寸外，结构所带来的不同性质也吸引着研究者的目光。

结构决定物性，结构的低维性使纳米系统的物理和化学性质产生了非常大的变化。由于小尺寸产生的约束效应，低维材料在应用领域展现了一些区别于块体材料的有趣特性，并从光子学到生物学发展出了优异的应用场景。

二维纳米材料的尺寸介于 $1 \sim 100nm$，其物理状态一般比较稳定，也可以称为二维半导体纳米晶片。单个原子的直径为 $0.10 \sim 0.15nm$，在一个半导体纳米粒子中的原子数为 $10^3 \sim 10^7$ 个，纳米粒子处于原子、分子与宏观体材料交界的过渡区域，纳米粒子保持着体材料的晶体结构，同时又存在分立的能级结构。因此，研究半导体纳米粒子的电子能级结构可以从原有的体材料的能带理论出发，将纳米材料特有的表面效应和尺寸效应作为影响因素来计算纳米粒子的能带结构和激子能级。二维材料独特光电特性主要来源于其结构特点的两个方面：

（1）纳米粒子的三维尺寸均小于 100nm，这种结构限制了电子的空间分布，使得载流子（自由电子和空穴）在空间的传播受到约束，呈现量子限域效应。由于量子限域效应使得量子能级的出现，从而使材料表现出不同于块体材料的光电性质，如优良的光学特性、电化学特性和良好的化学稳定性。

（2）纳米粒子的表面原子比例与块体材料相比出现较大提升，原子的表面分布对材料的物理和化学性质产生较大影响。表面原子的比例会随着纳米粒子的尺寸发生明显变化，位于表面的原子可能达到原子总数的 40% 左右，使得材料的光电性质对材料表面缺陷和变化非常敏感，表面效应带来许多与尺寸相关的物理和化学性质的变化。

与常规三维结构不同，物质的三个维度都在纳米尺度范围内称为零维结构，图 1-5 所示均为 0D 纳米结构材料的电子显微镜图像，从图像可以看到，0D 纳米

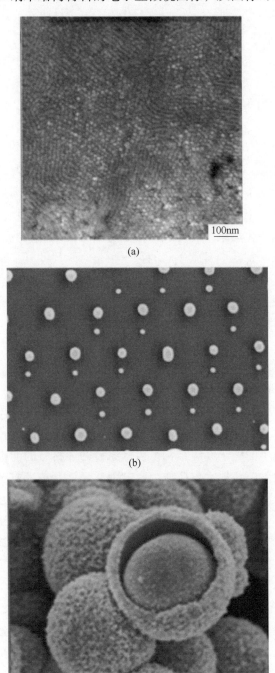

(a)

(b)

(c)

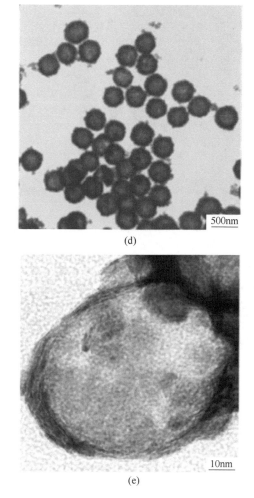

(d)

(e)

图 1-5　0D 纳米结构材料的电子显微镜图像

（a）量子点；（b）纳米粒子阵；（c）空心核壳结构纳米粒子；

（d）空心纳米球；（e）空心 MoS_2 纳米球

结构的典型形貌特征，分别为量子点、纳米粒子阵列结构、空心核壳结构及纳米球等；如果物质的纳米结构有两个维度在纳米尺度内，相应材料则是一维结构，图 1-6 显微图像即为 1D 纳米结构典型形貌，分别可以看到纳米线、纳米棒、纳米管、纳米带以及层次化纳米结构；如果物质只有一个维度在纳米尺度内则是二维材料，图 1-7 为不同类型的 2D 纳米结构材料的电子显微镜图像，分别为纳米岛结构、分枝状纳米结构、纳米板、纳米片、纳米墙以及纳米盘等。

(a)

(b)

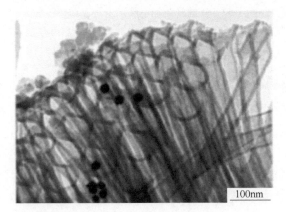

(c)

图 1-6 一维纳米结构材料的电子显微镜图像

（a）量子点；（b）纳米棒；（c）纳米管；（d）纳米线；（e）纳米带；（f）层次化纳米结构

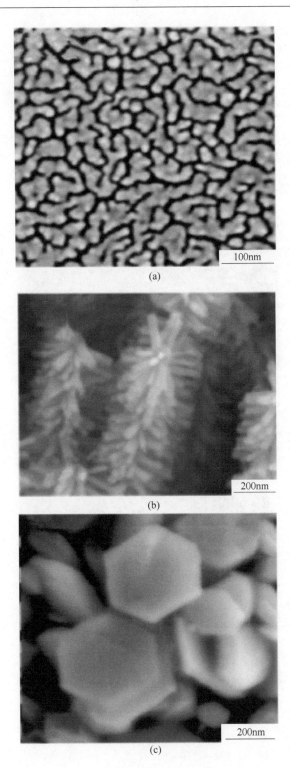

(a)

(b)

(c)

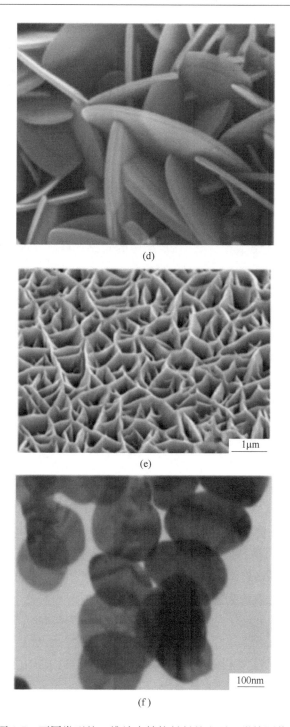

(d)

(e)

(f)

图 1-7 不同类型的二维纳米结构材料的电子显微镜图像

（a）纳米岛结构；（b）分枝状纳米结构；（c）纳米板；（d）纳米片；（e）纳米墙；（f）纳米盘

以碳元素为例，16 世纪石墨就已经被应用于炼钢等产业环节，在过去的半个世纪里，大量的研究人员投身相关领域，以期能够得到单层的石墨样品，从而获得其理论预测的出色性质，然而根据 Landau 和 Lifshitz 的理论计算结果，在任意有限温度环境下，低维材料中的热波动会导致原子位移，并且与原子之间的距离近似，进而导致石墨烯将是一种高度不稳定的材料，这个计算结果为二维材料的诞生蒙上了一层阴影。20 世纪的研究工作中，学者们发现了碳元素的多种同素异形体，1985 年 Kroto 等首次合成 0D 富勒烯，它的首次出现刷新了人们对于碳元素的认知边界，1991 年 Sumio Iijima 通过高分辨透射电镜直接观察到了碳纳米管，他们的工作将 1D 碳纳米管带进了人们的视野，然而多年的探索仍旧得不到单层石墨烯，使得学者们对于 2D 石墨烯的存在渐渐失去信心，直到 2004 年 Novoselov 等首次剥离出了具有单层 2D 结构的石墨烯样品，这个极具革命性意义的工作意味着表面大规模高质量的二维材料能够在一般条件下稳定存在。目前发现的最薄、最坚硬、导电导热性能最强的石墨烯，有望开启一个万亿级产业，至此二维材料的研究序幕徐徐拉开。

1.4.2　二维材料的发展

石墨烯中的碳原子是紧密排列的六方结构，sp2 杂化导致石墨烯在面外形成了一个大 π 键，碳原子在面内由强化学键链接，而在层间则通过范德华力结合，二维材料的结构导致内部电子只能在面内两个维度自由运动。因其优越的光电特性，二维材料自石墨烯发现开始，便迅速成为人们的研究热点。二维层状材料家族也得到迅速扩充：2004 年石墨烯（Graphene），2009 年拓扑绝缘体（TIs），2010 年过渡金属硫族化合物（TMDs），2014 年黑磷（BP），2011 年过渡金属碳氮化合物（MXene）等都成为二维层状材料家族的一员。

新材料的使用，往往能够给很多领域带来颠覆性变化。在超快光电领域，超快光纤激光器（UFLs）可提供飞秒或皮秒量级超短脉冲，已被证明是各种重要应用的强大工具，如强场物理、非线性光学、精密计量和超细材料处理等，作为重要应用方向的二维材料，因其宽带饱和吸收、超快响应时间和大的非线性折射率得到广泛关注。二维材料家族层内构型各不相同，但层间皆为范德华力结合，不同的构型导致带隙覆盖了从 0~2.5eV 的宽带响应，载流子寿命快组分从 200fs 到 2ps，慢组分从 1ps 到 400ps。如此宽泛的可选区间为超快光子学领域提供了肥沃的土壤。

1.4.3　二维纳米材料分析的基本理论

纳米材料分析的基本理论包括久保理论、量子尺寸效应、小尺寸效应、表面效应、宏观的量子隧道效应，它们使得纳米材料表现出与宏观体材料不同的物理性质和化学性质。例如体材料金属均为导体，但金属纳米粒子在低温情况下表现出绝缘特性；氮化硅纳米粒子组成纳米陶瓷时表现出良好的交流导电性；铂（Pt）属于不活泼金属，但纳米尺度的铂微粒却是良好的催化剂；大多数纳米金属微粒均无金属光泽而是黑色，说明其对光的反射率降得很低，对光产生较强的吸收能力，利用这个特点可以制成高效的光电转换、光热转换材料，提高太阳能利用率。

日本科学家久保（Kubo）早在 1963 年就阐述了微尺度下金属材料的能级间距与其颗粒粒径的关系，总结的公式为

$$\delta = \frac{4}{3} \times \frac{E_{\mathrm{F}}}{N} \tag{1-4}$$

式中，δ 为能级间距；N 为总电子数；E_{F} 为费米能级。

对于尺寸较大的物体，由于 $N \to \infty$，能级间距 $\delta \to 0$；对于纳米粒子来说，包括的原子个数较少，N 值比较小，导致 δ 有一定值，也就是出现能级离散的现象。当能级间距大于光子能量或其他能量时必须考虑量子尺寸效应带来的影响。

半导体的性质与晶体结构，表面和能带结构与材料的维数具有较强相关性。对于块体材料半导体，主要符合固体物理理论，不同的晶体结构对其能带结构和可能的缺陷结构产生一定影响，因而从根本上影响了半导体材料性能。对于纳米尺度的半导体材料，维度对其性能将产生较大影响，材料的一个或几个维度处于纳米尺度时，将对载流子在这些方向上产生局域性的束缚，载流子的波动性会更加突出，半导体纳米材料维度的不同使得态密度也有较大的差异，图 1-8 表示块

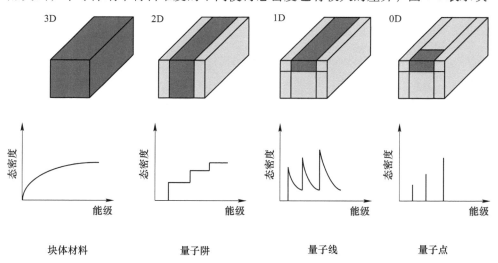

图 1-8 不同维度下半导体材料态密度与能量关系曲线

体材料、量子阱、量子线、量子点四种不同维度的材料的态密度变化情况。材料维度的不同对能带结构、电子运动、载流子输运产生明显影响，与体材料相比产生巨大的电学、光学性质的变化。

1.4.4 二维材料的非线性光学性质

石墨烯作为最典型的二维材料，一直受到人们的关注。作为单层紧密排列的六边形碳原子结构，sp2 杂化导致石墨烯在面外形成了一个大 π 键，如图 1-9（a）所示。平面内每个碳原子由三个 0.14nm 的面内共价碳-碳键和一个面外 p 轨道组成，层间通过范德华力结合，这种结构导致内部电子只能在面内两个维度自由运动。根据其原子结构，将石墨烯的能带结构建模为两个锥，如图 1-9（b）所示。在能带结构中，使用狄拉克方程来描述电子、夸克等自旋 1/2 的相对论量子粒子。传统半导体，狄拉克粒子的质量，有一个带隙（$2mc^2$）之间的最大能量空洞 $E_0 = -mc^2$ 和最小电子能量 E_0。当电子的能量 E_e 比最低能量大很多时，则与波矢 k 成正比：

$$E_e = \hbar ck \tag{1-5}$$

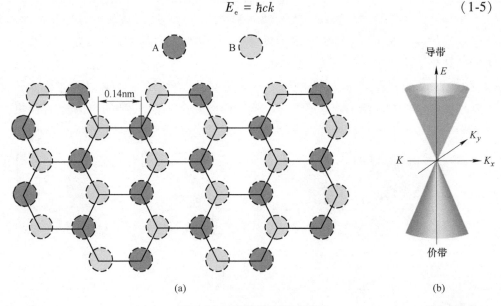

(a)   (b)

图 1-9 石墨烯的结构示意图

（a）六边形碳原子晶体结构，其晶格由两个等效碳原子 A 和 B 组成；

（b）石墨烯类余弦带隙结构

石墨烯的无质量狄拉克费米子意味着它具有零间隙，其中接近狄拉克点（K 点）的费米子可用狄拉克-哈密顿量来描述：

$$H = \hbar v_{\mathrm{F}} \begin{pmatrix} 0 & k_x - ik_y \\ k_x + ik_y & 0 \end{pmatrix} = \hbar v_{\mathrm{F}} \boldsymbol{\sigma} \cdot \boldsymbol{k} \qquad (1\text{-}6)$$

这里费米子速度 $v_{\mathrm{F}} = c/300$，可替换式（1-5）中的光速，$\boldsymbol{\sigma}$ 是 2D 泡利矩阵，$\boldsymbol{k}$ 是准粒子的动量。与传统半导体类似，需要双分量旋量波函数来描述不同碳的子晶格。

石墨烯的这种带隙结构使其在紫外到无线电波的超宽光谱范围内具有光学响应，如图 1-10（a）所示。受到石墨烯制备方法的启发，一系列类石墨烯二维材料得以发明，形成庞大的二维材料家族，如 TMDs、Tis、BP、BN 和 MXene 等。层状 TMDs 是很大的二维材料家族成员，其结构如图 1-10（c）所示。在 TMDs 中，体块结构为间接带隙，单原子层为直接带隙，例如单层 $MoSe_2$ 和 MoS_2 的直接带隙分别为 1.55eV 和 1.89eV，而其块体间接带隙分别为 1.10eV 和 1.54eV；其家族带隙范围为 1.00~2.50eV，因此 2D TMDs 响应区间主要在可见光波段，如图 1-10（a）所示，黑磷带隙随着层数不同可为 0.30~2.00eV，因此拥有从可

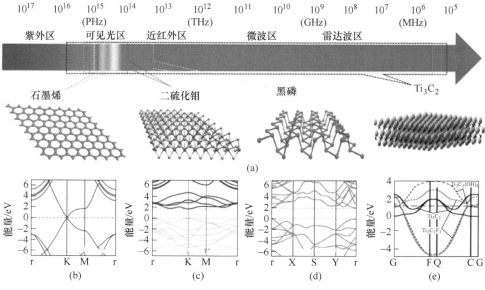

(a)

(b)   (c)   (d)   (e)

图 1-10 二维材料从紫外到微波波段的超宽带光响应
（a）从左至右为：石墨烯、二硫化钼（MoS_2）、BP 的电磁波谱，
下方为对应的原子结构；（b）单层石墨烯的能带结构；
（c）单层 MoS_2 的能带结构；（d）单层 BP 的能带结构；
（e）表面终止为 OH、F 和无终止的 MXene 单层带结构（Ti_3C_2）

扫一扫
查看彩图

见光到中红外区的宽带光学响应，恰好填补了零带隙石墨烯与 TMDs（1.00 ~ 2.00eV）之间的空白。而 MXene，其带隙为 0 ~ 2.00eV，如图 1-10（e）所示，因此具备从紫外到雷达波段的超宽光学响应范围。

1.5　几种二维材料及其非线性光学研究现状

1.5.1　二维材料黑磷

维持人体健康基石的元素磷，主要有三个同素异形体，包括白磷、红磷以及黑磷。具有四面体结构的白磷由于存在较大的键应变而在化学上不够稳定；非晶态结构的红磷比白磷稍好；相比之下，于 1914 年发现的黑磷化学性质最稳定，不易燃且不溶于大多数溶剂。作为生物体内必需的元素磷，其生物相容性和可降解性导致其在生物医学领域有无可比拟的应用优势，自 2014 年黑磷纳米片进入人们视野起，张晗组已经实现了黑磷作为高效光热制剂用于癌症治疗，在肿瘤治疗、药物释控、光控植入等领域也多有建树，并与喻学锋合作制备出基于黑磷的光声造影剂，可用于实现高效安全的肿瘤光声成像诊断。

非线性光学特性如可饱和吸收和非线性折射率高度依赖材料的结构特性。从结构上来看，与石墨烯类似，黑磷也是一种新型二维原子晶体材料，与其他二维材料不同，纳米尺度下的黑磷具有褶皱状蜂窝结构，如图 1-11（a）（b）所示，（x）为沿扶手椅方向的褶皱结构，（y）为沿锯齿方向的双层结构晶体取向。如图 1-11（c）所示，晶胞有 A ~ D 四个磷原子。黑磷的晶体结构是各向异性的，结构特殊性导致它是一种双折射和二色性材料，褶皱结构导致黑磷的光吸收和光致发光具有较高的各向异性性质，电学和热性能与其他二维材料有很大不同，例如电子电导率、光学、光电探测以及负泊松比的反常力学行为等。基于其结构的特殊性，研究表明黑磷是一种双折射和二色性材料，开辟了基于二维层状材料各向异性光学领域，这对于需要光的偏振控制的纳米光子应用是非常有益的。黑磷的出色性能使其在电子、光电子许多重要领域得到应用，包括：场效应晶体管、解调器、存储器件、二极管以及光电探测器等。

黑磷可以和光直接耦合，吸收从可见光到通信用红外线范围的波长，检测到整个可见光到近红外区域的光谱，这个特性使得黑磷作为很有潜力的中红外非线性材料，已广泛应用于超快激光器中。

从层数上看，区别于零带隙石墨烯、大带隙 TMDs(1.1 ~ 2.5eV)，黑磷具有可调谐且与厚度直接相关的带隙结构（0.3 ~ 2.0eV），通过层数可进行调控带隙结构使它的非线性响应能力深入红外到中红外波段。黑磷具有可调谐并与厚度直接相关的带隙结构为（0.30 ~ 2.00eV），通过层数可调控带隙结构，使它的非线性响应能力深入红外到中红外波段。单层、双层光学带隙分别为 1.73eV 和 1.15eV，三层磷烯的光学带隙为 0.83eV，对应于通信波段，块状黑磷的光学带隙则为 0.35eV。单层或少层 BP 纳米结构在近红外光谱区观测到了宽带非线性吸收，这个效应可作为调 Q 锁模激光器的可饱和吸收体。约 10nm 厚度的多层黑磷纳米片，可在 400~1930nm 波段实现宽带饱和吸收，具有作为宽带超高速光电子器件的潜力，可实现无源调 Q 器、锁模并制造光开关等。

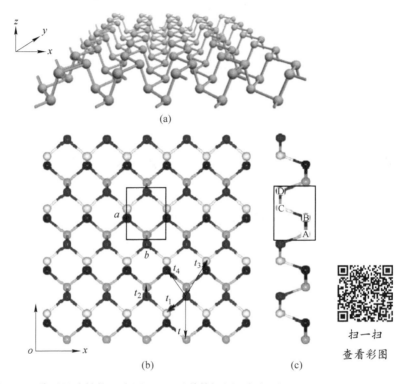

图 1-11　单层黑磷结构示意图（a）及其俯视图和侧视图（b），（c）

扫一扫
查看彩图

　　此外，黑磷可以和光直接耦合，吸收从可见光到通信用红外线范围的波长，检测到整个可见光到近红外区域的光谱，这个特性使得黑磷作为很有潜力的中红外非线性材料，已广泛应用于超快激光器中。从图 1-12 可以看到液相剥离法制备的黑磷纳米片的 SEM 和 TEM 图像。黑磷的层间距为 0.53nm，空间上的优势便于离子的插入及脱出，强大的储能潜力使其在锂离子电池领域具有广泛应用。

　　在尺寸上，BP 的非线性光学性质和时间分辨吸收光谱的研究已经得到一些开展。厚度大于 20nm，BP 纳米片的超快载流子动力学最近得到了广泛的研究。黑磷具有较高的非线性光学敏感性，其数值可达到 $10^{-19}\,\mathrm{m^2V^{-2}}$。片状黑磷波长依

(a)

(b)

图 1-12　黑磷的微观表征

(a) BP 片的 SEM 图像；(b) 环碳基底黑磷纳米片的 TEM 图像

赖的恢复时间通常为 0.36~1.36ps。对于单层大面积 BP 纳米片，在弱泵浦激光辐照下，已经观察到了较强的各向异性特性。分散在有机溶剂中的 BP 纳米片的载流子动力学，特别是在近红外光谱区已被广泛报道。最近，BP 纳米片在光催化水溶液中产生了一种奇特的泵浦波长和泵浦能量依赖关系。相比之下，较小尺寸的 BP 纳米片通常分散在有机溶剂或薄膜中，用于超快光子学的研究。

　　与石墨烯和 TMDs 的中心对称不同，黑磷的面内电导率和光学电导率是各向异性的，这是由于其褶皱结构导致黑磷的光吸收和光致发光具有较高的各向异性性质。基于四波混频效应（FWM）的研究发现，图 1-13 (a) 在 D 型光纤上沉积黑磷增强了四波混频诱导的波长转换，估算效率可达 10^{-17}，这意味着黑磷能够在 20GHz 的高速下执行超快光开关的能力。在饱和吸收效应（SA）的应用上，Li 等的工作演示了在激光器中添加附加功能的例子，图 1-13（b）利用 BP 的各向异性光学特性对偏振度为 100%的线性偏振超快脉冲产生进行了研究，相关饱

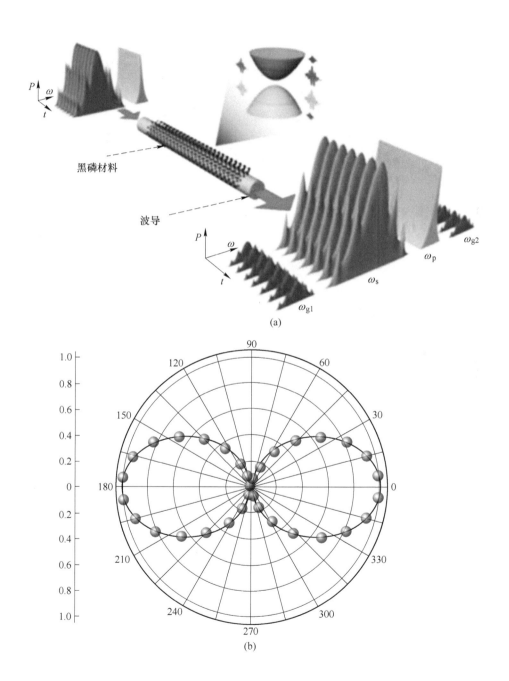

(a)

(b)

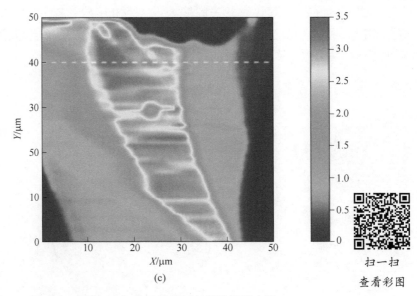

(c)

图 1-13　基于黑磷材料的波导激光器

（a）基于 FWM 的波长转换在 BP 沉积的集成光纤器件中的示意图。内嵌图为黑磷的带隙；

（b）BP 锁模光纤激光器的线性偏振输出；（c）THG 信号全图

和吸收应用也多见报道。在三次谐波效应（THG）应用上，Nathan 等报告了使用超快近红外激光观测黑磷三次谐波的产生，并首次实验测量了三次谐波，图 1-13（c）所示为通过扫描光束相对于样品的位置来测量的位置相关的 THG 信号，通过对比可以分辨出 THG 信号的不同厚度。结果表明，三次谐波发射具有很强的各向异性，与入射偏振有关，并且由于信号损耗和相位匹配条件，三次谐波发射会随层数的变化而变化。

黑磷是 P 型直接带隙半导体，通断比达到 10^4 至 10^5，并且具有极高的载流子迁移率 $10^4 cm^2 V^{-1} s^{-1}$，单层、双层光学带隙分别为 1.73eV 和 1.15eV，三层磷烯的光学带隙为 0.83eV，对应于电信波段，块状黑磷的光学带隙则为 0.35eV。张晗组的工作证明，约 10nm 厚度的多层黑磷纳米片，可在 400~1930nm 波段实现宽带饱和吸收，具有作为宽带超高速光电子器件的潜力，可实现无源调 Q 器、锁模并制造光开关等。

与其他二维材料对比看，由于带隙结构相似，单层或少层 BP 均表现出与 TMDs 相似的非线性光学特性。然而，少层 BP 的带隙比 TMDs 小，这意味着饱和吸收的带宽要大得多。因此，无论是在中红外区还是在 2μm 以上的光谱范围内，BP 都是一种很好的产生调 Q 和锁模脉冲的饱和吸收体。Mu 等在 BP 上应用了一种光学透明的聚合物基体，形成了复合饱和可吸收体，并展示了一种高稳定的调 Q 光纤激光脉冲，调制深度为 10.6%，单脉冲能量为 194nJ。

然而，需要指出的是，黑磷在空气中极易氧化，缺乏足够的稳定性会导致黑磷的光学性质的迅速退化，限制了现今黑磷的实际应用潜力。为了提高黑磷器件的长期稳定性，学者们已经开始了一些有效的策略性尝试，例如使用 h-BN 片层进行封装保护，进行配体表面配位和聚合或直接使用黑磷聚合物以保证其长期稳定性等。黑磷进行实际应用，目前仍然是一个挑战。在可见光范围内，关于 BP 纳米片在水溶液中的非线性吸收和载流子动力学的报道很少。虽然一些文献表明，BP 纳米片在水中浸泡超过两周依然能够稳定存在，但这方面系统地研究依然不多。在许多与生物学有关的应用中，为保证生物相容性，研究人员用水作溶剂，而不是有机溶液。因此 BP 纳米片水溶液仍需相关研究。

1.5.2 过渡金属硫化物

2010 年，二维过渡金属硫化物的出现引起了研究人员的广泛关注，TMDs 是二维材料家族中除石墨烯之外被研究最多的成员，化学表达式为 MX_2，M 代表过渡族金属元素，如第四族的钛（Ti）、锆（Zr），第五族的钒（V）、铌（Nb）、钽（Ta），第六族的钼（Mo）、钨（W）等；X 代表硫族元素，如硫（S）、硒（Se）、碲（Te）。多种元素可合成 40 多种不同的材料，普遍为六方晶系单层或少层组成的层状结构。

结构上，图 1-14（a）展示了典型 MX_2 的三维示意图，其中硫原子（X）为黄色，金属原子（M）为灰色，层内表现为 X-M-X 结构，层间通过范德华力结合。图 1-14（b）为 WS_2 低分辨率 TEM 图像，图 1-14（c）为 MX_2 三种典型的晶体结构图：3R 与 1T 两种结构为亚稳态，并能通过加热以及退火等方式变成 2H 相，2H 能够在自然条件下稳定存在。

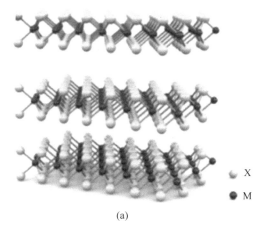

X

M

(a)

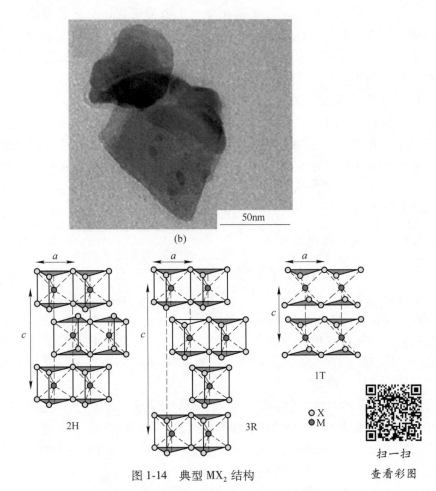

图 1-14 典型 MX$_2$ 结构

（a）典型 MX$_2$ 结构的三维示意图；（b）WS$_2$ TEM 图像；

（c）MX$_2$ 三种晶体结构图：2H，3R，1T，晶格常数 a 在 3.1-3.7Å，

堆叠系数 c 表明堆叠序数，层间距约为 6.5Å

二维码中的彩图，硫原子（X）为黄色，金属原子（M）为灰色

（1Å = 10^{-10}m）

扫一扫

查看彩图

层数上，TMDs 的带隙覆盖 1.00~2.50eV，光谱范围对应于近红外到可见光。Kuc 等对 TMDs 材料进行了第一性原理计算，可以观察到 MoS$_2$ 能带结构，带隙随着层数的减小从间接带隙 1.20eV 变成了直接带隙 1.90eV。WS$_2$ 的带隙从体块材料的间接带隙 1.30eV 变化到单层结构的直接带隙 2.10eV，相应实验结果也很好地支撑了理论计算，吸收谱的实验数据能够观察到两个吸收峰，归因于自旋轨道耦合所产生的能带劈裂即价带劈裂。因具备半导体性质的 TMDs 能带结构相仿，故这个结果具备普遍意义。当 TMDs 以单原子层状态存在时，伴随着同能带

结构由间接带隙变为直接带隙，激子在室温下能够稳定存在，导致 TMDs 的光学性质呈现出显著不同，例如光吸收特性，发光性能均与多层样品出现了很大的变化。

二维材料与其体块材料最大的区别在于当材料变成单层时，原本具备的性质将被复杂的量子效应所取代。二维 TMDs 随着层数的减少，其电子能带结构将由多层的间接带隙转变为单层的直接带隙，随着带隙的增大，材料可表现出金属性，半导体性，甚至超导性。2011 年，A. Kuc 等对 TMDs 材料进行了第一性原理计算，结果如图 1-15 所示，可以观察到 MoS$_2$ 能带结构，带隙随着层数的减小从间接带隙 1.2eV 变成了直接带隙 1.9eV。WS$_2$ 的带隙从块体材料的间接带隙 1.3eV 变化到单层结构的直接带隙 2.1eV，光致发光性质则忠实地反映了带隙结构的变化，单层材料的直接带隙结构导致了更高的发光效率。因具备半导体性质的 TMDs 能带结构相仿，故这个结果具备普遍意义。

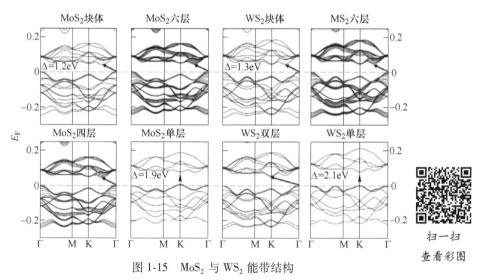

图 1-15　MoS$_2$ 与 WS$_2$ 能带结构

扫一扫
查看彩图

TMDs 纳米片具有新奇的静电耦合效应、极大的载流子迁移率和非常强的可见光吸收能力，这使得 TMDs 纳米片可以应用在诸多领域，例如：场效应晶体管、光电晶体管以及固态激光器件等。此外，有别于石墨烯及其本身偶数层材料，奇数层 TMDs 由于反演对称性破缺而具备二阶及其他偶数阶非线性性质，并同时具有谷—自旋极化特性，可用于生产自旋电子器件，锁模激光器，及非线性器件等。TMDs 的禁带宽度覆盖 1~2.5eV 能量范围，如图 1-15（c）所示，光谱范围对应于近红外到可见光。传统的硅材料禁带宽度为 1.1eV，TMDCs 作为一种半导体材料，在制造高性能电子器件方面极具应用潜力。

随着制备工艺的精进，单层样品的制备使研究不断推进。当 TMDs 以单原子层状态存在时，伴随着同能带结构由间接带隙变为直接带隙，激子在室温下能够稳定存在，导致其光学性质呈现出显著不同，例如光吸收，发光性能与多层样品出现了很大的变化。单层 TMDs 因其直接带隙结构而具有优异的荧光特性。由于单层 TMDs 是典型的半导体材料，其光学特性与石墨烯存在显著差异，提供了更为广阔的互补应用领域。

二硫化钨（WS$_2$）因其突出的光电特性，是 TMDs 家族中很有潜力的成员，WS$_2$ 在 TMDs 材料中被理论预测具有最好的电荷输运特性，并且由于其束缚能巨大，WS$_2$ 在场效应管、光电探测器、太阳能电池以及化学传感器应用方面得到了很好的探索。如图 1-14 所示，可以获知 WS$_2$ 体块为间接带隙结构，禁带宽度为1.3 eV，当厚度减薄到单层原子时，禁带宽度则增加到 2.1 eV。单层 WS$_2$ 在已报道的 TMDs 材料中，光致发光谱宽度最小，强度最大，这种性质使其具备了光发射器件的应用前景。由于具有非常大的束缚能，单层 WS$_2$ 中的激子能够在室温条件下稳定存在，在激子吸收峰处单层 WS$_2$ 的吸收率接近 20%，展现了远超其体块材料的吸收特性和激子特性，光电器件的性能因此变得非常值得期待。

由于单层 TMDs 是典型的半导体材料，其光学特性与石墨烯存在显著差异，提供了更为广阔的互补应用领域。处于单原子层时显现出诸多量子效应，与块体材料相比，二维 TMDs 单层时电子空穴对所受的库伦屏蔽减小，能够形成较为稳定的激子态，在激子吸收峰附近，单层 WS$_2$ 的吸收率接近 20%，远远高于 WS$_2$ 块体材料的吸收能力，展示出二维 WS$_2$ 超强的吸收特性和激子特性，这为制备光电器件提供了巨大的应用空间。

二维 TMDs 随着层数的减少，其电子能带结构将由多层的间接带隙转变为单层的直接带隙，表现出了明显的层数依赖效应，随着带隙的增大，材料可表现出金属性、半导体性，甚至超导性。已有相关工作报道了 TMDs 特殊的激子束缚能，单层 TMDs 的激子束缚能为几百毫电子伏特，且在室温下稳定存在，这个性质对材料的光学性质有显著影响。由于具有非常大的束缚能，单层 WS$_2$ 在已报道的 TMDs 材料中，光致发光谱宽度最小、强度最大，这种性质使其具备了光发射器件的应用前景。其次，TMDs 纳米片具有新奇的静电耦合效应和非常强的可见光吸收能力，这使得 TMDs 纳米片可以应用在固体激光器件中。此外，有别于石墨烯及其本身偶数层材料，奇数层 TMDs 由于反演对称性破缺而具备二阶及其他偶数阶非线性性质，并同时具有谷—自旋极化特性，可用于生产锁模激光器及非线性器件等。层状过渡金属双卤化合物（TMDs）因其优异的电学和光学性能而受到越来越多地关注。WS$_2$、WSe$_2$、MoS$_2$ 和 MoSe$_2$ 已经应用于锁模器、光限制器等光子器件。

在不同非线性效应应用上，作为潜在的宽带饱和吸收材料，WS$_2$ 近年来得到了广泛的研究。Fu 等报道了在重复率为 10Hz 的 532nm、25ps 脉冲激光激励下 Z 扫描技术测量的 WS_2 纳米片的非线性光学特性。他们发现纳米板具有极大的饱和吸收但非线性折射并不明显。2015 年 WS_2 在 515nm、532nm、800nm、1030nm 波段开展了非线性研究工作，发现具备大的双光子吸收以及激子效应等结论。王俊组研究了单层 WS_2 的非线性吸收。他们发现样品显示了巨大的双光子吸收效应，是传统半导体的 3~4 倍。瞬态吸收实验揭示了小纳米片（MoS_2 和 WS_2）的反饱和吸收现象起源于激发态吸收，而 TMDs 大纳米片的饱和吸收行为是由载流子耗散引起的。该结果对于通过样本量的调整来选择适合不同非线性光学应用的 2D TMDs 材料具有一定的指导意义。

在应用层面，随着基于石墨烯作为饱和吸收体的超快激光器的成功出现，越来越多的基于 TMDs、BP 和 MXenes 的调 Q 和锁模激光器在近红外和中红外区域得到应用。Wang 等报道了第一个基于 TMDs 材料的脉冲激光器，使用了基于 MoS_2 的饱和吸收体，工作波长分别为 $1.06\mu m$、$1.42\mu m$ 和 $2.1\mu m$。其他基于 TMDs 的饱和吸收体也被应用于调 Q 和锁模脉冲激光器中，例如 Lou 等和 Liu 等利用 WS_2、$MoSe_2$、WSe_2 和 WTe_2，分别在可见和通信波段实现了全光纤调 Q 激光器。

不同形态 WS_2 薄膜，WS_2 置于不同溶剂中的成果也开始出现。但据我们所知，只有 Dong 和 Long 等使用 532nm 纳秒脉冲研究了 WS_2 纳米片的非线性特性，还没有在可见光波段的系统研究工作。

1.5.3 过渡金属碳氮化合物

近年来，过渡金属碳氮化合物（MXenes）作为一种新型的 2D 材料家庭成员在非线性光学领域开始崭露头角。MXenes 代表 2D 过渡金属碳化物、氮化物和碳氮化物，一般公式为 $M_{n+1}X_nT_x$，其中 M 是早期过渡金属，X 是 C 或 N，T 是表面终止，$n=1$、2 或 3。如图 1-16 所示，晶体结构分别显示 $M_{n+1}X_n$，当 $n=2$ 和 3 时的 ABCCBA、ABCDDCBA 序列，金属原子晶格可以由单个金属（Mono-M 元素）、固态 M 金属有序双 M 金属元素的混合物来替代。超过 70 种不同的 MAX 相三元碳化物和氮化物已经被报道，这构成了庞大的 MXene 家族。到目前为止，超过 30 种 MXene 已经通过实验制备成功，根据理论预测，还有更多的期望可及。

结构上，MXenes 的带隙能、直接间接带隙以及拓扑绝缘子，为饱和吸收特性提供了广泛的研究空间。有工作展示了 MXenes 的能量结构性质并计算了单层 $Ti_3C_2T_x$ 的能带结构，并得到了由于表面终止而从金属到半导体的变化结果，以及在不同垂直外部 E 场下单层 Sc_2CO_2 的带结构。研究发现单层 Sc_2CO_2 的应变可调谐间接到直接带隙跃迁。

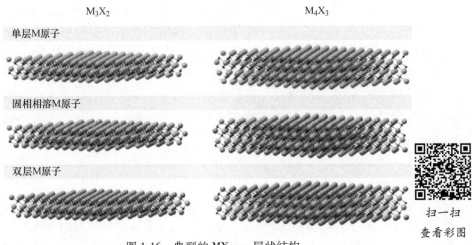

图 1-16　典型的 MXenes 层状结构

扫一扫
查看彩图

　　MXene 材料独特的表面终止结构为其带来了新奇特性，石墨烯、磷烯和 TMD 的堆叠通常是通过范德华力层间作用而发生的，而不需要内部表面终止。带隙结构的分析表明，MXene 能够随着表面终止状态的不同呈现不同属性。通常，非终止 MXenes 是金属相，这是由于其表层金属元素费米表面具有较高的态密度（DOS）。表面的钝化可能会使态密度降低到较低的水平，导致 MXene 向半导体、绝缘体或半金属相转变。最近的一项研究表明，二维结构和电子特性以堆叠形式保存，研究人员将其归因于 MXene 表面终止基团形成独特的层间耦合导致，这表明使用 MXenes 可以制造功能良好的纤维饱和吸收体，从而避免了单层分散的复杂过程。近年来，化学气相沉积（CVD）方法已成功应用合成大尺寸原子薄的 MXene，为研究 MXene 不需要表面终止的更基本的物理性质而开辟了窗口。MXene 的线性吸收在每纳米 1% 左右，低光衰减为每纳米 2%~3%，相应结果已经在不同的衬底上经由实验观察到，这个数值与石墨烯相近，约为每纳米 2.3%。少层 Ti_3C_2 的间接带隙小于 0.20eV，吸收能力略低约为每纳米 1%。

　　存在形式的多样性，为 MXene 提供了更广阔的应用空间。作为第一个 MXene 家族成员的 $Ti_3C_2T_x$，是在氢氟酸（HF）水溶液中，通过选择性地从其 MAX 相前驱体 Ti_3AlC_2 中刻蚀掉 Al，分离而出。从那时起，水酸蚀刻法被广泛应用于合成新的 MXene，如 Ti_2C、Ti_3CN、Ta_4C_3、V_2C、Nb_2C 等。

　　超过 70 种不同的 MAX 相三元碳化物和氮化物已经被报道，这构成了庞大的 MXene 家族。到目前为止，超过 30 种 MXene 已经通过实验制备成功，根据理论预测，还有更多的期望可及。在图 1-17 中给出了 MXenes 进展的简要时间表，可以看到 MXene 的发展还在不断推进过程中。

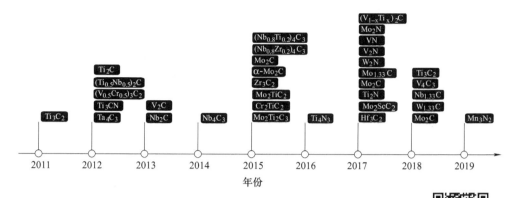

图 1-17　MXene 发展历程

扫一扫
查看彩图

　　与石墨烯相比，MXene 材料本身自带表面修饰体，赋予其优良的有机相容性和生物相容性，因此在化学和生物应用领域有广阔的前景。然而，表面终止也可能阻碍 MXene 基本物理性质的探索。MXene 中预测的具有最低功函数的材料为 $Nb_3C_2(OCH_3)_2$，其值为 0.9eV。这个超低功函数提出了 MXene 作为场发射极阴极和热离子器件的应用前景。

　　MXene 的应用研究随着时间的推进不断发展，展现了诸多领域的应用潜力，例如辅助储能和转换、催化、传感器、电子工业和生物医学应用等。

　　金属元素与碳和氮元素的组合也赋予 MXene 材料良好的电学性能。考虑到约 10000s/cm 的高导电性，MXene 被认为是一种很有前途的透明导电材料。近来，光电磁特性及其应用受到了学者们的关注，新的光电磁现象和应用已经开始出现，例如超导电性、100%自旋纯度半金属行为和高居里温度铁磁性等。

　　值得注意的是，良好的电学性能并没有影响 MXene 优异的光学性能。MXene 的线性吸收度在每纳米 1% 左右，低光衰减为每纳米 2%~3%，相应结果已经在不同的衬底上经由实验观察到，这个数值与石墨烯相近。少层 $Ti_3C_2T_x$ 的间接带隙小于 0.2eV，吸收能力低每纳米约为 1%。

　　线性光学特性如吸收和光致发光，非线性光学特性如可饱和吸收和非线性折射率，这两种光学特性的讨论高度依赖其能量结构的特性，例如：能量带隙、直接间接带隙以及拓扑绝缘子等。图 1-18 展示了 MXenes 的能量结构性质。图 1-18（a）计算了单层 $Ti_3C_2T_x$ 的能带结构，可以看到图中显示了由于表面终止而从金属到半导体的变化。图 1-18（b）在不同垂直外部 E 场下单层 Sc_2CO_2 的带结构。图 1-18（c）单层 Sc_2CO_2 的应变可调谐间接到直接带隙跃迁。带隙结构的分析表明，MXene 能够随着表面终止状态的不同能呈现不同属性。

　　通常，非终止 MXenes 是金属相，这是由于其表层金属元素费米表面具有较

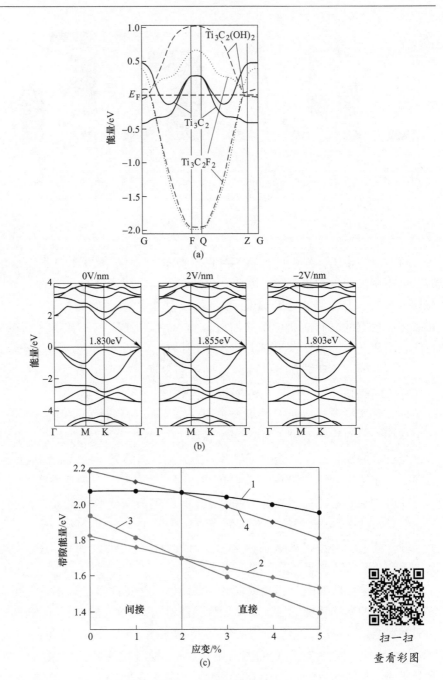

图 1-18　MXenes 的能量结构性质

（a）单层 $Ti_3C_2T_x$ MXene 的能带结构；（b）在不同垂直外部 E 场下单层 Sc_2CO_2 的带结构；

（c）单层 Sc_2CO_2 的应变可调谐间接到直接带隙跃迁

1—Γ→Γ；2—Γ→K；3—K→K；4—K→Γ

高的态密度（DOS）。表面的钝化可能会使态密度降低到较低的水平，导致MXene 向半导体、绝缘体或半金属相转变。多种存在形式为 MXene 提供了更广阔的应用空间。

二维 MXene 材料的堆叠通常是通过范德华力相互作用而发生的，而不需要内部表面终止，如石墨烯、磷烯和 TMD 的情况。最近的一项研究表明，二维结构和电子特性以堆叠形式保存，研究人员将其归因于 MXene 表面终止基团形成独特的层间耦合导致，这表明使用 MXenes 可以制造功能良好的纤维饱和吸收体，从而避免了单层分散的复杂过程。张晗组制备了"风琴状"二维层状 MXene 材料 $Ti_3C_2T_x$。并系统研究了其宽带三阶非线性光学性能，进一步将其应用到全光纤锁模激光器上，在光纤通信波段实现了 159fs 的超短脉冲输出。

在应用层面，MXene 的优良宽带非线性光学响应被证明，这为超快光子学等离子体以及全光调制提供了巨大机会。此外，MXene 材料的制备方法也趋于成熟化和工业化。为 MXene 材料的广泛应用奠定了坚实基础。风琴状二维层状 MXene 材料 $Ti_3C_2T_x$ 已经被制备，并系统研究了其宽带三阶非线性光学性能，在全光纤锁模激光器上通信波段实现了 159fs 的超短脉冲输出。最近，MXene 的优良宽带非线性光学响应被证明，这为超快光子学以及全光调制提供了巨大机会。2018 年，蒋先涛等报道了 $Ti_3C_2T_x$ 的非线性光学性质，得到了非线性折射率和三阶非线性光学极化率，发现在 800~1800nm，MXene 样品的调制深度随着入射激光强度的增加而增加，调制深度最高可达 40%。此外，在强光照射下可能会引起多光子吸收，从而导致光传输的降低。他们利用 Ti_3C_2 作为饱和吸收体，在 1.06μm 和 1.55μm 的光纤谐振腔中实现了飞秒脉冲的锁模操作。Ti_3C_2 的非线性光学特性，在 640nm、800nm、1064nm、1550nm 和 1560nm 波长下的都得到了一些研究成果。随后学者们发现 Ti_3C_2 饱和吸收行为源于等离激元诱导的基态吸收在声子能量高于自由载流子振荡的阈值处增加，是优秀的饱和吸收体。最特别的，Ti_3C_2 油墨已被制备用于各种基材的喷墨打印，通过印制基于 MXene 的饱和吸收体，可成功实现 1.06~2.8μm 的超宽带脉冲激光器，脉冲持续时间可降低到 100fs。此外，基于 MXene 的饱和吸收体的使用已经扩展到固态和陶瓷激光器。

综上所述，二维过渡金属硫化物（TMDs）和黑磷（BP）在非线性光学领域已经有了一些研究。然而，这两种材料精细控制的制造过程仍然存在挑战。开发有前途的新型二维材料仍然是一个长期的目标。MXene 作为二维材料家族的一个新分支，对于 Ti_3C_2 纳米材料的线性光学特性，其实验和理论研究正在迅速发展。Ti_3C_2 的非线性光学特性也在吸引研究人员的注意。

然而，以往对这几种二维材料的研究主要集中在单波长的非线性光学性质上，WS_2 的研究较早，在可见光区飞秒及皮秒脉宽也有少量研究成果。BP 在红外波段、通信波段有少量研究成果，在可见光区相关成果较少。Ti_3C_2 使用单波长的红外和近红外光谱有少量研究成果出现，这三种材料在可见光波段的非线性光学性质尚缺乏系统的研究。载流子动力学方面，上述三种材料与非线性研究类似，在可见光波段缺少系统性研究成果。实际上，二维材料测量波长范围对测量结果有显著影响，且非线性光学特性和载流子动力学也依赖于激发波长和能量，因此仍需进一步研究。

1.6　本书研究的目的和意义

在超快光电子领域，二维材料因其层内的化学键结合与层间范德华力结合而导致的小尺寸效应和量子限域效应展示了诸多优异性能，伴随着对二维材料不同的电子属性和能带结构的研究深入，对其非线性光学性质的研究以及对相关机理的解释不断涌现，然而二维材料非线性吸收的物理机制与过程还不够清晰，对其超快光学性质的研究还不够完善，仍需解决的问题如下。

（1）非线性光学器件所需材料的主要性能指标为光学性能、响应时间、热稳定性、光学损耗、加工特性及材料成本等，通常很难同时具备，寻求多个性能的平衡点是我们工作的主要方向。关注二维材料的非线性光学特性，利用结果导向来分析材料结构、组分等因素对应用性能的影响，由此可指导二维材料的制备。

（2）二维材料非线性光学性质的探讨，能够充分讨论材料的光物理机制，相关成果对二维材料新型光电器件的研发与优化大有裨益。二维材料的非线性吸收特性与载流子动力学密切相关，深入探讨可从本质厘清其微观能量传输、载流子弛豫等过程。以往对二维层状材料的研究很多基于单层、少层样品和异质结样品，针对溶液系综的系统研究仍然缺乏。

（3）黑磷纳米片的宽带可见光波段非线性性质的系统性研究尚未完善。与材料尺寸、入射能量相关的光生载流子输运机制和激发态载流子动力学机理还有诸多未明之处，对黑磷纳米片的光物理过程机制还有许多未知领域。阐明黑磷纳米片的光学非线性和载流子动力学行为，对二维黑磷材料应用方面的进一步探索有指导意义。

（4）对二硫化钨纳米片光电特性的规律性还没有足够的研究，在可见光波段还没有系统的非线性吸收特性的研究，而这对材料在可见光区的非线性相关应用至关重要。与入射波长相关的非线性吸收特性及其机理还有待于进一步探索。对于二硫化钨纳米片的光物理机制还存在许多未知领域，对于光电器件设计中重要的载流子弛豫寿命等机制和参数尚缺系统性研究工作。理解二硫化钨纳米片的光学非线性特性，对于相关器件的设计与制作具有重要指导作用。

（5）对过渡金属碳氮化合物的非线性光电特性的研究较少，入射波长相关、入射能量相关的非线性吸收特性及机制还缺乏系统性研究。对于其非线性吸收相关机理还不明晰。准确地给出二维过渡金属碳氮化合物的光学非线性和光生载流子动力学特性，对于具有众多家族成员的 MXene 材料的制备，器件制造材料的选取，设计等领域有很好的前瞻性指引作用。

1.7 本书的主要研究内容

对于二维黑磷纳米片、二硫化钨纳米片、Ti_3C_2 纳米片等几种典型二维材料系综溶液的光学非线性响应，本书将通过实验数据分析其产生规律，结合理论拟合提取非线性光学参数以及弛豫寿命分析其能量转移过程，归纳总结相应材料光学非线性产生机制及原理为设计非线性光学材料及器件提供参考。本书研究内容如下：

第 1 章阐述了研究背景，介绍几种非线性光学吸收效应及其物理机制、载流子动力学及光物理过程，对二维材料的发展以及几种典型二维材料特点及超快非线性光学响应进行了综述。

第 2 章介绍了宽带波长可调谐（450~700nm）Z 扫描装置、白光瞬态吸收实验系统、实验技术和相关理论。

第 3 章研究了 BP 纳米片在可见光波段的光学非线性响应。通过液相剥离法制备黑磷纳米片样品，系统研究了 BP 纳米片在纳秒激光激发下，可见光波段的非线性吸收特性，讨论了在不同的脉冲宽度、不同溶剂条件的饱和吸收情况和应用前景。深入研究黑磷纳米片的超快载流子动力学，在 400nm 和 800nm 波长激光激发时研究了能量弛豫过程，对新的弛豫机制提出了解释，这有助于黑磷材料在可见光波段的应用参考。

第 4 章研究了共振吸收与金属粒子掺杂对二硫化钨纳米片的非线性吸收性能的影响。为进一步揭示 WS_2 纳米片以及 WS_2/Ag 混合材料在可见光波段的超快动力学机理，研究了材料在 400nm 波长激发时的白光瞬态吸收光谱，对其非线性产生及增强机制、载流子弛豫过程进行了探讨。

第 5 章系统研究了 Ti_3C_2 纳米片在可见光波段不同激发能量情况的反饱和吸收特性，并对纯 Ti_3C_2 纳米片、银掺杂 Ti_3C_2 纳米片的载流子动力学进行了详细探讨。揭示了 Ti_3C_2 纳米片相关反饱和及能量转移物理机理，指明了 Ti_3C_2 纳米片在宽带光限幅器中具有潜在的应用前景。

最后，第 6 章对本书进行了总结和展望。

2 实验技术及理论

2.1 非线性光学实验技术

三阶非线性效应在强光与物质的作用过程中普遍存在且应用广泛，经过了多年的发展，已形成了多种对其测量的方法。精确度较高的有干涉法、椭圆偏振法、光束畸变、简并四波混频、空间性相位调制、I 扫描等。然而受限于装置复杂性高。测量周期长且无法单次测定实部虚部等缺点，上述实验的普及程度较低。Z 扫描技术由于其优点，在多年的实践检验中脱颖而出。

2.1.1 开孔 Z 扫描实验

20 世纪 90 年代，Sheik-Bahae 等首次提出 Z 扫描技术，这是一种单光束激光测量材料非线性性质的方法，使用的装置简单、精确度高且能够直观反映出非线性吸收的大小和符号，备受科研人员青睐。

实验分为开孔（Open apeture）和闭孔（Close aperture）两种形式，如图 2-1 所示。通过开孔 Z 扫描实验可以测量材料的非线性吸收，而闭孔实验能够得到非线性折射数据。本书关注点为二维材料的非线性吸收效应，因此将重点介绍开孔 Z 扫描实验。

开孔 Z 扫描实验装置如图 2-2 所示。高斯光束首先经过衰减器达到实验所需能量，随后通过斩波器，经由凸透镜 L_1 聚焦入射到被测样品上。被测样品在载物台固定，以凸透镜 L_1 的焦点作为坐标零点，跟随电控载物台沿入射激光光轴方向移动，计算机能够精准控制电控载物台的位置，经过样品的激光透过后置凸透镜 L_2 后被探测器测量。实验中两个光电探测器接收到的透过率信号将首先被前置放大器处理，随后输送至锁相放大器，同时进入锁相放大器的斩波器信号可以提取激光脉冲信号的波动频率，两路信号在锁相放大器进行降噪运算后送入计算存储。

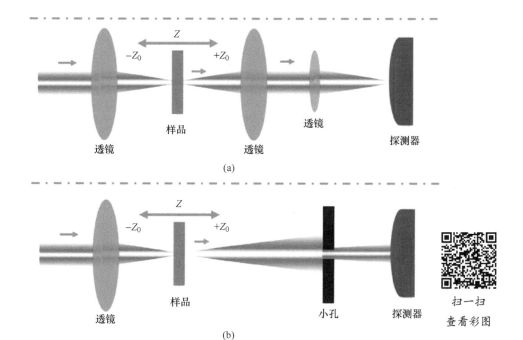

图 2-1 Z 扫描原理示意图

（a）开孔 Z 扫描；（b）闭孔 Z 扫描

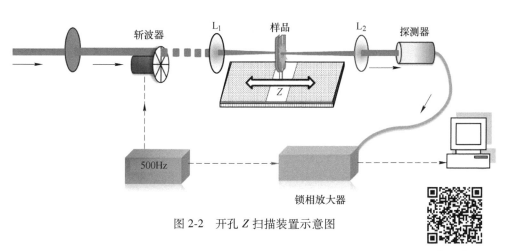

图 2-2 开孔 Z 扫描装置示意图

图 2-3 为典型的 Z 扫描实验数据曲线。当样品随载物台由远端向焦点处移动时，在距离焦点较远位置，激光入射强度较小，样品以线性吸收为主，实验曲线趋于平缓。伴随着移动距离增大，由于凸透镜 L_1 的会聚作用，入射样品的高斯光束光斑直径变小，能量密度相应增大。此时将有两种情况出现。第一种情况，当样品具有饱和吸收（SA）特性时，伴随着入射光能

量密度增强，样品非线性吸收系数将随之变小，此时入射激光透过率会变大，实验数据曲线将呈现向上的峰值，如图2-3（a）实线所示。第二种情况为材料具有反饱和吸收（RSA）特性，此时样品的非线性吸收变大，实验数据曲线将呈现为向下的谷值，如图2-3（a）虚线所示。

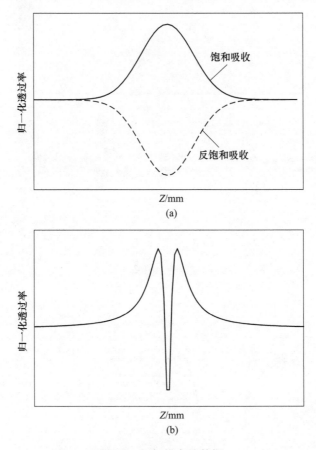

图 2-3　*Z* 扫描实验数据

（a）饱和、反饱和吸收的开孔 *Z* 扫描曲线；（b）发生转化的开孔 *Z* 扫描曲线

2.1.2　*Z* 扫描实验的光学非线性理论

在研究饱和吸收和反饱和吸收时，需要采用开孔 *Z* 扫描技术。归一化开孔 *Z* 扫描数据对波束畸变不敏感，仅是非线性吸收的函数。在 SA 的情况下，非线性吸收系数可以写成：

$$\alpha(I) = \frac{\alpha_0}{1 + (I/I_s)} \tag{2-1}$$

式中，α_0 为线性吸收系数；I 为激发强度；I_S 为饱和光强。假设双光子吸收（TPA）不会与 SA 同时发生，由方程得到了透射强度：

$$\frac{\mathrm{d}I}{\mathrm{d}z} = -\alpha I \tag{2-2}$$

式中，z 为试样厚度。如图 2-3（a）所示，根据式（2-1）和式（2-2）拟合实验曲线可得到饱和光强 I_S。

当材料仅显示 RSA 或 TPA 时，根据开孔 Z-scan 理论，归一化透射率可表示为

$$T(z) = \sum_{m-0}^{\infty} \frac{[-q_0(z)]^m}{(m+1)^{\frac{3}{2}}} \approx 1 - \frac{\beta I_0 L_{\mathrm{eff}}}{2\sqrt{2}\,(1 + (z^2/z_0^2))} \tag{2-3}$$

式中，β 为非线性吸收系数；I_0 为焦点处轴上峰值强度；L_{eff} 为有效相互作用长度，$L_{\mathrm{eff}} = (1-e^{-\alpha_0 L})/\alpha_0$；$z$ 为样品离焦点的纵向位移；L 为样品长度；z_0 为瑞利衍射长度，如图 2-3（a）所示。

由式（2-4）可得非线性吸收系数 β 为

$$\beta = 2\sqrt{2}\,[1 - T(z=0)]/(I_0 L_{\mathrm{eff}}) \tag{2-4}$$

也可以通过拟合实验曲线得到归一化透过率作为开孔 Z-scan 位置的函数。当材料从 SA 向 RSA 转变时，非线性吸收系数包括 SA 系数和 TPA 系数，应定义为

$$\alpha(I) = \frac{\alpha_0}{1 + (I/I_s)} + \beta I \tag{2-5}$$

式中，α_0 为线性吸收系数；I 为激光强度；I_s 饱和光强；β 为非线性吸收系数。因此归一化透过率可得

$$T = 1 - \left(\frac{\alpha_0}{1 + \dfrac{I_0}{(1 + (z^2/z_0^2))\,I_S}} + \frac{\beta I_0}{1 + (z^2/z_0^2)} \right) L \tag{2-6}$$

因此归一化透过率可得：$T_N = T/T_0$。如图 2-3（b）所示，I_S 和 β 可以通过拟合实验数据得到。

一般情况下，搭建好 Z 扫描系统之后需要进行可靠性测试，二硫化碳是一种经过诸多实验验证的溶剂，因此本书实验采用此溶剂进行验证性实验，结果如

图 2-4（a）所示。利用式（2-3）进行理论拟合，结果符合其他研究者的实验情况，证明系统状态良好。在此基础上，因本书用到的样品都是水溶液，本书实验还进行了去离子水的 Z 扫描实验，如图 2-4（b）所示，可以看到没有非线性结果出现，证明接下来的实验中，所出现的各种非线性吸收效应都来源于所测量二维材料。

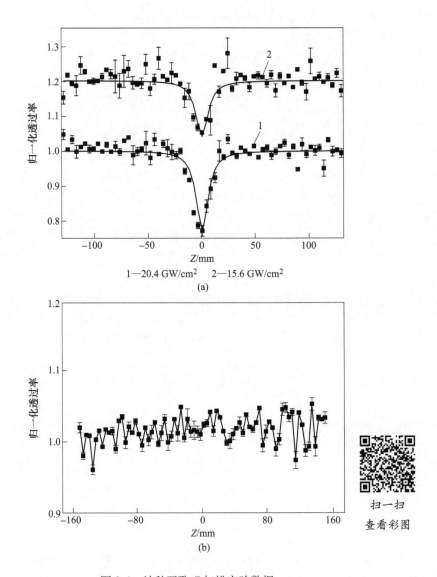

1—20.4 GW/cm² 2—15.6 GW/cm²
(a)

(b)

图 2-4　纳秒开孔 Z 扫描实验数据

（a）激发光峰值为 15.6GW/cm² 和 20.4GW/cm² 下的 520nm 二硫化碳；

（b）激发光峰值为 10.5GW/cm² 下 520nm 处水的实验数据（本书使用的溶剂）

扫一扫
查看彩图

2.2　瞬态吸收光谱

　　光电器件许多关键性质取决于瞬态载流子动力学过程。光生载流子弛豫寿命通常在纳秒甚至皮秒量级且有多个弛豫过程同时发生，那么应用飞秒量级的超快激光作为技术手段，实现时间分辨，将是对于载流子动力学理论进行研究和探讨不可或缺的手段。本节将重点介绍超快载流子动力学基本原理以及飞秒时间分辨瞬态吸收技术。物质受到激发后载流子弛豫寿命将直接决定光电器件的运行速度，相应的能量转移路径及分布则蕴含了光电材料作用的微观机理。因此探讨载流子弛豫寿命和能量转移的研究对于指导光电器件的设计和优化十分重要。

2.2.1　瞬态吸收光谱实验与装置

　　作为超快光谱学中一项重要的基本技术，瞬态吸收光谱得到了广泛的应用。实验的基本原理如图 2-5 所示，将一束超短脉冲激光分为两部分：一部分作为泵浦光束辐照到材料表面，材料吸收光子，产生光生载流子，导致材料性质出现变化；另一部分作为探测光，两束激光在材料表面重合，探测光束将检测到材料出现的变化。通过改变两束光之间光程差，脉冲之间的时间延迟效应能够使实验数据反映出光生载流子的演化过程进而用来表征材料的很多特性。

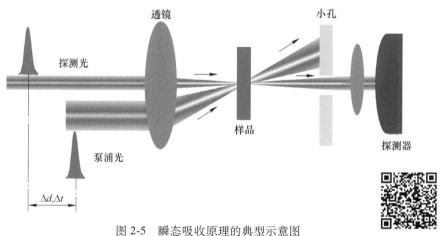

图 2-5　瞬态吸收原理的典型示意图

扫一扫
查看彩图

　　根据实验选用的激光性质差异，瞬态吸收技术可以概括为两种情况，分别为简并泵浦探测与非简并泵浦探测技术。简并泵浦探测技术是指采用的两组实验光源一致，为同一波长光；非简并泵浦探测技术是指两束光波长不一致的情况。在实际应用时，非简并泵浦探测技术相对复杂，对于不同光束的同步方式，常用的方法有两种。一种为应用驱动器调节驱动时间的方式，但此方法对于纳秒脉冲激光较为适用，飞秒激光实现起来对设备性能要求较高，且实际操作中经常有漂移现象出现。另一种同步方法为采用非线性过程改变出射激光波长。这种方式能够保证实验所需两束激光相干，符合实验要求技术参数。本书相关实验采用的技术为白光瞬态吸收技术，下面介绍相关技术理论及设备情况。

　　白光瞬态吸收技术是指探测光束经过蓝宝石片后产生光谱范围较宽的超连续白光，用来对材料进行探测。探测光透过材料时将被吸收一部分，通过光谱仪探测透射光透过率的变化就可得到作为探测光的白光吸收谱。装置如图 2-6 所示，样品是准备测试的材料。

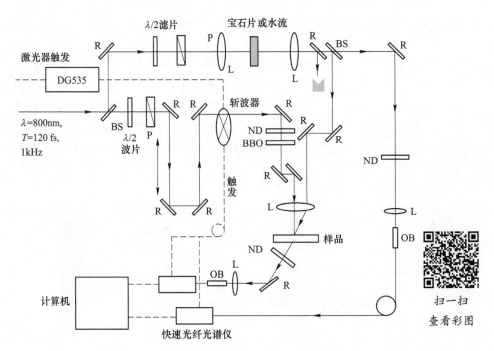

图 2-6　飞秒白光泵浦探测技术光路原理图

R—反射镜；BS—分束片；P—偏振片；L—透镜；ND—密度衰减片；OB—光纤

　　本节中使用此设备的工作流程如下：首先使激光器产生 1kHz 重复频率 800nm 波长 120fs 脉冲宽度的超短脉冲激光入射，入射光经由分束片 BS 后分离成为光强比为 7∶3 的两激光束，作为泵浦光的强光部分入射延迟线，随后经由 BBO 倍频晶体波长变化为 400nm，出射光聚焦到材料，材料经过泵浦光激发后将会被白光探测。较弱的超短脉冲将作为探测光使用，从 BS 分束片出射后入射 2mm 厚的蓝宝石晶体，晶体将会受激发产生超连续白光，经过分束片 BS 分为两部分，一部分聚焦到被测材料上，与泵浦光的光斑重合，透过材料的白光将由光纤光谱仪接收并探测信号；另一部分作为参考光，也有光纤光谱仪探测并对比得到光谱变化。

2.2.2　超连续白光的产生与色散校正

超连续白光的产生可归因于多种强非线性效应共同作用下的结果。当一束超短脉冲激光入射时，受辐照的透明物质将被激发，在物质中将会被动产生自聚焦通道，与此同时通道内还将发生受激散射效应、四波混频效应、自相位调制效应及交叉相位调制效应等多种非线性过程，当入射超短脉冲激光强度超过一定阈值时，会产生超连续波长的展宽现象，此时光谱将变为 300~1200nm 范围。经由滤光片将红外部分过滤，进而产生宽带光谱的超连续白光。如图 2-7（a）所示，采用 800nm、1000Hz 重复频率、120fs 脉宽的飞秒激光，此光束入射到蓝宝石晶体工作介质，激发产生超连续白光。对于物质来说，入射光强有固定的工作范围，通过前期入射光能量调节而达到合适的强度范围，产生稳定连续白光，且不发生过载损坏现象。实验数据如图 2-7（b）所示，为利用 800nm 波长的飞秒超短脉冲激发蓝宝石晶体经处理得到的白光光谱。由于实验中采用超连续白光作为探测光，那么白光的色散问题就需要消除以提高实验精度。超连续白光为宽光谱，因此在材料中会发生色散效应，基于群速色散理论分析，一束脉冲激光中不同波长分量传输速度不同，通常波长较大的部分传输快，波长较小部分传输慢；这个现象导致的观测结果是长波长脉冲分量先于短波长而出现，研究者们称这种传播结构为啁啾（chirp）。啁啾现象导致白光在不同物质中会有不同的传播规律，例如蓝宝石介质、滤光片介质等啁啾结构明显，甚至产生皮秒量级的脉宽差别，因此分辨载流子动力学测试曲线零点极为重要。本书首先进行了校正实验，探究所用系统的初始参数，图 2-7（c）为白光瞬态吸收技术数据绘制的瞬态吸收动力学实验曲线，所选用波长为 460nm、500nm 以及 540nm。分析实验曲线可以获知不同波长导致其啁啾结构改变，进而导致激发时间不同。

如图 2-7（d）所示，采用的校正方法为：应用高斯拟合处理不同波长的实验数据，确定时间零点后，将不同波长的实验曲线绘制并作为标准用来比对后续实验每个波长的载流子动力学曲线，进行时间校正。色散校正函数为

$$t_0 = -10.31 + 3.29 \times 10^{-2}\lambda - 2.1 \times 10^{-5}\lambda^2 \tag{2-7}$$

此方法的物理含义为干预探测光不同组分到达待测材料的时间。图 2-7（d）所示为根据色散校正曲线利用多项式拟合得到延迟校正曲线，通过多项式拟合即能够将任意波长的延迟时间校正，进而得到准确的动力学光谱数据。

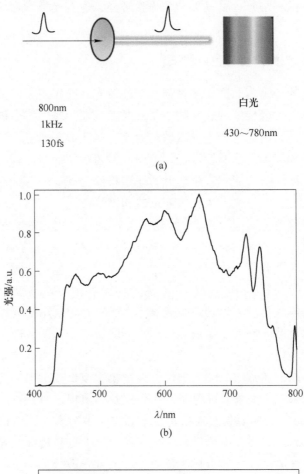

800nm
1kHz
130fs

白光
430～780nm

(a)

(b)

1—460nm；　2—500nm；　3—540nm

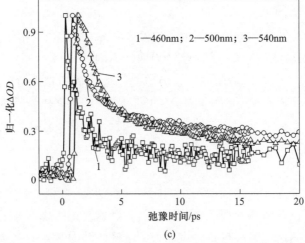

(c)

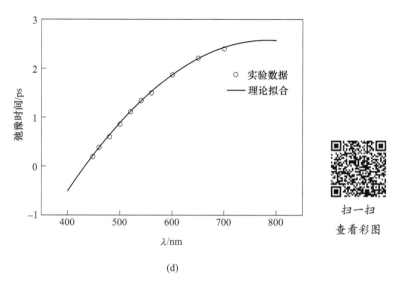

(d)

图 2-7　超连续白光性质及色散校正

（a）超连续白光发生光路原理；（b）800nm 飞秒激光激发蓝宝石晶体产生的白光光谱；

（c）不同波长瞬态吸收动力学曲线；（d）色散延迟校正曲线

2.2.3　指数衰减模型及瞬态吸光度

2.2.3.1　指数衰减模型

受激载流子的弛豫过程一般为指数衰减。常见的为双 e 指数衰减过程，以它举例，弛豫过程包含两个特征寿命（τ_1 和 τ_2，$\tau_1 < \tau_2$）。瞬态吸收信号 $g(t)$ 在时域包含两个指数部分。当泵浦过程被认为是瞬时的，即上升时间为零，激光脉冲持续时间被忽视，$g(t)$ 可以写成：

$$g_0(t) = u(t)\left[A_1\exp\left(-\frac{t}{\tau_1}\right) - A_2\exp\left(-\frac{t}{\tau_2}\right)\right] \tag{2-8}$$

式中，$u(t)$ 为单位阶跃函数，$u(t) = \begin{cases} 0, t>0 \\ 1, t \leqslant 0 \end{cases}$；$A_1$ 和 A_2 为双时间分量的相对振幅。根据式（2-8）模拟出双指数衰减轨迹如图 2-8（a）所示。然而，由于有限的脉冲持续时间和激励时间，实际测量的差分传输/反射信号更加复杂，在受激励载流子的弛豫过程中导致信号上升，如图 2-8（b）的阴影区域。因此，必须考虑有限的脉冲宽度和激励时间来分析实际的瞬态吸收轨迹。超快激光的脉冲功率通常有一个高斯脉冲持续时间的时间剖面 σ 和中心波长 λ_0，可以这样描述：

$$P = B\exp\left(-\frac{t^2}{\sigma}\right)\sin\left(\frac{2\pi ct}{\lambda_0}\right) \tag{2-9}$$

式中，B 是振幅；c 是光速。在瞬态吸收实验中，泵浦功率 P_{pump} 和探测功率 P_{probe} 由时间配置相同的激光脉冲产生：

$$P_{pump} = P_{probe} = P = B\exp\left(\frac{t^2}{\sigma}\right)\sin\left(\frac{2\pi ct}{\lambda_0}\right) \tag{2-10}$$

在实际应用中，瞬态吸收轨迹的上升信号不是瞬时的，应予以考虑。

从数学的角度来看，可以通过泵浦脉冲和探测脉冲的时间分布产生的两个卷积积分，将有限的上升时间加到泵浦探测轨迹上：

$$g_1(t) = \int_{-\infty}^{+\infty}\left[\int_{-\infty}^{+\infty} g_0(T)P_{pump}(T-t)P_{probe}(T'-t)\,dT\right]dT' \tag{2-11}$$

在式（2-11），一个自相关积分 $C(\tau)$ 可以通过交换积分次序获得：

$$C(\tau) = \int_{-\infty}^{+\infty} P_{pump}(T'')P_{probe}(T''-t)\,dT'' = B\exp\left[-\left(\frac{\tau}{\sqrt{2}\sigma}\right)^2\right] \tag{2-12}$$

$C(\tau)$ 反映了泵浦和探测的时间重叠，可独立测量。测量的微分透射/反射由式（2-11）、式（2-12）可表示为

$$g_1(t) = B^2\int_{-\infty}^{+\infty} g_0(T)\exp\left[-\left(\frac{T-t}{\sqrt{2}\sigma}\right)^2\right]dT \tag{2-13}$$

根据式（2-9）、式（2-13）可表示为

$$g_1(t) = B^2\int_{-\infty}^{+\infty}\left[A_1\exp\left(-\frac{t}{\tau_1}\right) - A_2\exp\left(-\frac{t}{\tau_2}\right)\right]\exp\left[-\left(\frac{T-t}{\sqrt{2}\sigma}\right)^2\right]dT$$

$$\tag{2-14}$$

基于误差函数 $\mathrm{erfc}(y) = \dfrac{2}{\sqrt{\pi}} \displaystyle\int_0^y \exp(-u^2)\,\mathrm{d}u$ 处理后可以实现信号积分：

$$g_1(t) = \left\{ D_1 \exp\left(-\frac{t-t_0}{\tau_1}\right)\left[1 + \mathrm{erfc}\left(\frac{\sigma}{\sqrt{2}\,\tau_1} - \frac{t-t_0}{\sqrt{2}\,\sigma}\right)\right] + \right.$$

$$\left. D_2 \exp\left(-\frac{t-t_0}{\tau_2}\right)\left[1 + \mathrm{erfc}\left(\frac{\sigma}{\sqrt{2}\,\tau_2} - \frac{t-t_0}{\sqrt{2}\,\sigma}\right)\right]\right\} + y_0 \qquad (2\text{-}15)$$

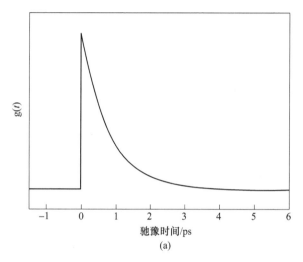

(a)

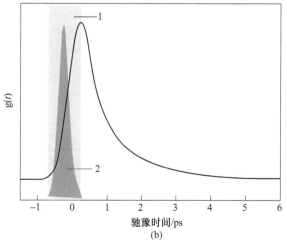

(b)

扫一扫

查看彩图

图 2-8 瞬态和非瞬态吸收曲线

（a）瞬态吸收曲线；（b）非瞬态吸收曲线

1—阴影部分为激发区域；2—深色阴影部分为激光脉冲

在这个方程中，$D_1 = A_1B^2$ 和 $D_2 = A_2B^2$ 是相对振幅两个指数组分。可利用 t_0 和 y_0 重置微分传输或反射信号的初始值 $\Delta T/T$ 或 $\Delta R/R$ 为零。基本上一个标准的瞬态吸收曲线，零延迟点没有泵浦信号，$\Delta T/T$ 或 $\Delta R/R$ 为零，所以 t_0 和 y_0 可以在式（2-15）中忽略。此外，$D_1\exp\left(-\dfrac{t}{\tau_1}\right) - D_2\exp\left(-\dfrac{t}{\tau_2}\right)$ 是最初的指数衰减，一部分的升起是瞬时式（2-9）。因此，差动传输/反射信号（$\Delta T/T$ 或 $\Delta R/R$）可以表示为

$$g_1(t) = \left\{ D_1\exp\left(-\frac{t}{\tau_1}\right)\mathrm{erfc}\left(\frac{\sigma}{\sqrt{2}\,\tau_1} - \frac{t - t_0}{\sqrt{2}\,\sigma}\right) + D_2\exp\left(-\frac{t}{\tau_2}\right)\mathrm{erfc}\left(\frac{\sigma}{\sqrt{2}\,\tau_2} - \frac{t - t_0}{\sqrt{2}\,\sigma}\right) \right\}$$

$$(2\text{-}16)$$

这是一个描述具有两个特征衰减时间的典型双 e 指数衰减瞬态吸收轨迹的方程。利用该方程模拟具有限上升时间的双 e 指数瞬态吸收轨迹，可以得到既包含激发过程又包含衰减过程的曲线，如图 2-8（b）所示。

在其他许多载流子动力学的研究中，不同材料中受激载流子不仅具有双指数衰减，而且还具有单指数、三指数和多指数衰减。根据式（2-17），拟合瞬态吸收差分透射/反射轨迹的自相关的一般自相关式为

$$g(t) = \sum_{i=1}^{N} D_1\exp\left(-\frac{t}{\tau_1}\right)\mathrm{erfc}\left(\frac{\sigma}{\sqrt{2}\,\tau_i} - \frac{t}{\sqrt{2}\,\sigma}\right) \qquad (2\text{-}17)$$

其中，N 为指数衰减数，它取决于实际衰减数，其他符号与式（2-8）相同。该自相关方程可用于拟合所有呈指数衰减的瞬态吸收轨迹，从而计算出特征载流子寿命。

2.2.3.2　瞬态吸光度

实验所涉及数据及处理可采用以下方法。对于超短激光脉冲的透射率变化 $\Delta I(T)$，采用差值计算的方法，对比有泵浦光与无泵浦光两种不同状态时透射率的差计算的结果。此时的透过率为

$$T = \frac{I}{I_0} \times 100\% \qquad (2\text{-}18)$$

式中，I_0 为激发光强；I 为透过样品后的光强。透过光强也可以表示为吸光度（Optical density，OD），如式（2-19）所示。

$$OD = \lg \frac{I_0}{I} = \varepsilon l c \tag{2-19}$$

式中，ε 为摩尔吸收系数；l 为样品厚度；c 为样品浓度。实验观测点是待测材料在被泵浦光激发前后吸光度的差值：

$$\Delta OD = OD_{\text{pump-on}} - OD_{\text{pump-off}} \tag{2-20}$$

根据式（2-19）和式（2-20）得

$$\Delta OD = \left(\lg \frac{I_0}{I}\right)_{\text{pump-on}} - \left(\lg \frac{I_0}{I}\right)_{\text{pump-off}} \tag{2-21}$$

当 $(I_0)_{\text{pump-on}} = (I_0)_{\text{pump-off}}$ 时，上式为

$$\Delta OD = \lg \frac{I_{\text{pump-off}}}{I_{\text{pump-on}}} \tag{2-22}$$

ΔOD 定义为波长和延迟时间变化的函数，由于使用的探测光为白光，是宽光谱范围，因此采用光谱仪分光来得到不同波长的 $\Delta OD(\lambda)$。实验中采用脉冲间隔仅为 1ms 的飞秒激光，此时无法绝对分辨 ΔOD 的瞬态变化，因此，在实际操作中采用改变泵浦光与探测光延迟时间的方法，用来确定时间零时的起点，并因此来分析 $\Delta OD(t)$ 的改变情况。由于白光为宽光谱信号，工作室具有微量抖动，即 I_0 是改变的。为了消除这部分噪声影响，将另一束白光作为参考光，由此，建立如下方程来描述参考光和信号光的入射光强

$$\frac{I^r_{\text{pump-off}}}{I^r_{\text{pump-on}}} = \frac{(I_0)_{\text{pump-off}}}{(I_0)_{\text{pump-on}}} \tag{2-23}$$

将式（2-22）代入式（2-23）吸光度可表示为

$$\Delta OD = \lg\left(\frac{I_{\text{pump-off}}}{I_{\text{pump-on}}} \times \frac{I^r_{\text{pump-on}}}{I^r_{\text{pump-off}}}\right) \tag{2-24}$$

为精确计算 ΔOD 与延迟时间的变化关系，通过 LabVIEW 编制处理程序并依据式（2-24）将多波长对应的吸光度信号采集，在采集信号的同时经数据处理来提高实验效率。

2.3　光学非线性吸收与载流子动力学理论

　　光照射到物质表面即可分成两个部分，一部分入射内部，另一部分发生表面反射。入射光少量被样品部分吸收，大部分会透射而出。探讨吸收时需要注意，一方面吸收发生的前提条件是光子能量大于材料带隙。另一方面，任何材料都存在吸收阈值，应用入射光功率对比材料吸收阈值，未超过为线性吸收，超过将发生非线性吸收。相关物理机理在 1.2.2 节中有详细介绍。

　　瞬态吸收实验工作思路是通过空间换时间的方法，利用延迟操作使泵浦光和探测光到达样品时间不同，产生时间差，这种探测光与泵浦光脉冲在时间上形成不同的延迟能够实现对材料不同时间点瞬时吸收特性的测量。在本节的白光瞬态吸收实验中，泵浦光通常采用飞秒激光器输出的激光脉冲，探测光采用经分束后的激光脉冲聚焦在蓝宝石工作介质上产生的白光。在实验中经过光谱仪测量透射探测光光谱变化，记录不同延迟时间白光光谱的透过率数据，进而可以分析得到白光瞬态吸收光谱。

　　通过对不同延迟时间所探知的探测光强度的变化，可以将数据处理成瞬态吸收光谱，光谱中将包含样品在实验过程中发生的一系列物理过程，应用白光泵浦探测技术可以研究材料载流子的载流子能级跃迁、能量转移及弛豫过程等微观机理，并建立分析材料相应的物理模型。针对不同材料的能级分布不同，粒子跃迁可总结为以下过程：

2.3.1　基态漂白（Ground-state bleaching）

　　如图 2-9（b）所示，第一个正信号 $\Delta T/T$ 或 $\Delta R/R$ 为基态漂白，当材料收到光激发，导致基态的电子吸收光子进入激发态，电子受激跃迁至高能级导带，导致价带电子减少，与此同时导带上未被占据的基态会被跃迁电子占据而减少。这个现象的结果就是位于基态的粒子数目锐减，因此会降低价带继续吸收光子能量并发生跃迁过程的概率，观察能够发现材料在接受泵浦光激发与未经泵浦光激发两种状态下，探测光穿透被测样品后辐照到探测器上的透过率数值发生很大变化。一种状态下，材料未被泵浦光激发，能够吸收较多光子能量。另一种状态下，材料受泵浦光激发，受激粒子跃迁至高能级，基态粒子数目减少，对探测光吸收下降，因而透过率升高，此时发生基态漂白现象，探测光得到的测量结果与稳态吸收光谱范围一致。

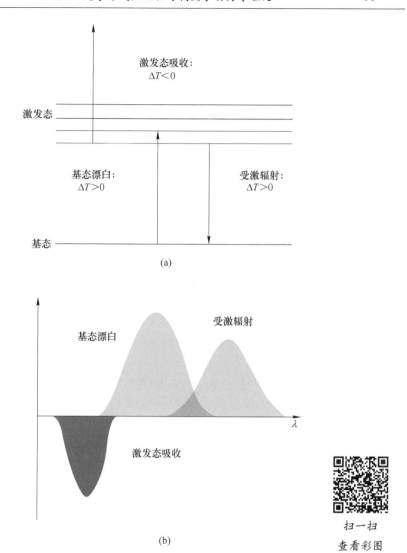

(a)

(b)

图 2-9 瞬态吸收的基本原理

（a）瞬态吸收信号的起源：基态漂白、激发态吸收和受激发射；

（b）基态漂白和受激发射都有助于产生正的差异强传输/反射信号，而激发态吸收提供了一个负信号

2.3.2 激发态吸收（Excited-state absorbtion）

在实验中除了泵浦光能够激发材料外，探测光也可能会导致材料接受能量跃迁的情况，例如位于基态粒子受激成为载流子跃迁到更高能级后，探测光的照射仍能够使载流子接受能量并跃迁到更高能级，此时探测光被吸收导致探测器接受能量下降，$\Delta T = T_p - T_0 < 0$ 或 $\Delta R = R_p - R_0 < 0$ 及透过率变小的情况称为激发态吸收，如图 2-9（b）所示。

2.3.3　受激辐射 (Stimulated emission)

如图 2-9 (b) 所示，第二个正信号 $\Delta T/T$ 或 $\Delta R/R$ 为受激辐射，材料中的粒子处于激发态变为载流子时，探测光辐照材料可能会引起粒子再次受激发，并向外发射光子同时跃迁至低能级的现象，成为受激辐射。这个过程与光致发光的作用机制相同，反映到实验数据上，可以发现受激辐射与光致荧光谱线趋于一致，数据与光致漂白对比有斯托克斯位移。此时，探测器接收到的信号包括两部分，一部分为探测光信号，另一部分为受激辐射光信号。因此反映到数据上，可以发现透射率 ΔT 变大的现象出现。此外，吸收与基态和激发态截面有关，这在时间分辨的瞬态吸收轨迹中起着重要作用。以一个两能级系统为例，当激发态的吸收截面大于基态系数截面时，可观察到光诱导基态漂白信号。相比之下，当激发态的吸收截面小于基态吸收截面时，会出现光诱导吸收。

2.4　本书中用到的实验设备——飞秒激光系统

开孔 Z 扫描使用激发光源为 Nd　YAG 调 Q 纳秒激光器 (Surelite II, Continuum, Santa Clara, CA, USA) 和光学参量放大器 (APE OPO, Continuum)。Z 扫描测量波长范围为 410 ~ 700nm。激光束聚焦在一个石英立方体比色皿上 (2mm)，比色皿用来盛装样品溶液。当样品沿高精度步进位移平台 (TSA 200, Zolix, Beijing, China) 移动时，电脑同时对入射信号和透射信号进行监测。开孔 Z 扫描信号由功率计 (J-10 MB-le, Coherent, Santa Clara, CA, USA) 采集，然后由能量计记录 (EPM 2000, Coherent)。

实验室所采用的激光器来自美国相干公司，整个飞秒激光系统有两个主要组成，分别是飞秒激光振荡级 (Mira 900-F) 和飞秒激光再生放大级 (Legend-F)。泵浦探测实验所采用的激发光源为重复频率 1kHz，激发波长为 800nm，脉冲宽度 35fs 的激光束。瞬态吸收实验采用的光束由飞秒 Ti 蓝宝石激光器产生 (Astrella, Coherent)。然后通过 BBO 晶体倍频，使出射激光脉冲波长为 400nm。出射激光使用带通滤波器阻挡 800nm 的残余来保证输出激光束单值稳定。瞬态吸收实验时，可以采用 400nm 或 800nm 的泵浦光对样品进行激发。使 800nm 激光脉冲聚焦到蓝宝石晶体产生超连续白光作为探测光，超连续白光波长为 420 ~ 750nm。利用虹膜和中性密度滤波器作为衰减片，调节 800nm 激光脉冲的强度，使泵浦光束稳定。探测光聚焦在一个 2mm 厚石英比色皿上，比色皿中盛装待测样品液体。每次实验前需校正光源，通过对标准样品的测量，使泵浦光束和探测光束在样品位置上空间重叠。采用 500Hz 的斩波器对探头进行调制。使用两个高敏感度光谱仪 (Avantes-950F, Avantes, Appeldoorn, Netherlands) 来收集探测光和参考光束的强度。泵浦光于探测光脉冲之间的相对延迟由步进电机驱动的光延迟线控制（TSA-200，Zolix，Beijing，China）。在实验前利用SiO_2基片的光学克尔信号对超连续白光的群速度色散进行标定，用以后期对实验数据时间零点的校正。所有测量实验均在室温环境下进行。

实验室使用的激光器来自美国相干公司，整个飞秒激光系统由两个主要组成，分别是飞秒激光振荡级（Mira 900-F）和飞秒激光再生放大级（Legend-F）。

2.4.1　飞秒激光振荡级

飞秒激光振荡级是飞秒激光器的主要组成部分，图 2-10 是飞秒激光振荡级（Mira 900-F）的光路原理图，其中包括两个谐振腔：工作腔和辅助腔。其中 M_1 为输出耦合镜，$M_2 \sim M_9$ 为反射镜，P_1 为三棱镜，P_2 为布鲁斯特棱镜。

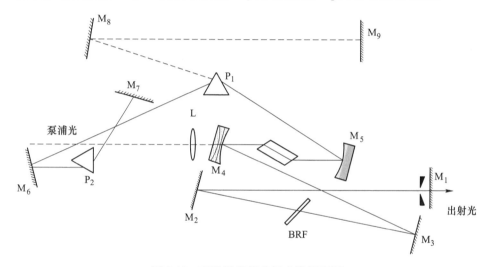

图 2-10　飞秒激光振荡级光路原理图

波长为 532nm 的泵浦光经过透镜 L 汇聚后进入由 M_4 和 M_5 组成的谐振腔中，其中 M_4 对 800nm 的光波是反射镜，对于 532nm 的光是透射镜，M_5 是 800nm 全反射镜，掺钛蓝宝石晶体位于 M_4 和 M_5 之间，在腔内受激辐射产生 800nm 红外光经反射镜 M_5 反射。被反射光如果没有布鲁斯特棱镜 P_1 阻挡则会沿着图中虚线方向传播，经反射镜 M_8 后被平面反射镜 M_9 反射后沿原路返回。800nm 激光脉冲在 M_4 处反射后入射到全反射镜 M_3 上，再经过 BRF（Birefrigent Filter，双折射滤光片）经 M_2 反射垂直入射到输出耦合镜 M_1 上，即光线在 M_1 和 M_9 之间传输反射，可以将由 M_1 和 M_9 构成的腔为辅助腔，其作用在于调整 M_1 和 M_5 之间的光路。当振荡级输出的脉冲激光功率达到最大值时一般认为辅助腔之间形成了稳定的振荡。将三棱镜 P_1 放入光路中，则经 M_5 反射过来的激光脉冲经过 P_1 折射后到达平面反射镜 M_6，然后入射到三棱镜 P_2，透过光垂直入射到平面反射镜 M_7 上，800nm 激光脉冲在 M_1 和 M_7 之间往返，当增益大于损耗时脉冲激光经 M_1 输出。M_1 至 M_7 之间的光路即为谐振工作腔。飞秒激光振荡级的主要参数见表 2-1。

表 2-1　飞秒激光振荡级（Mira 900-F）输出参数

名　　称	性能参数
调谐范围	700～980nm
脉冲宽度	<50fs
输出功率	>0.65W（800nm）
输出频率	83MHz
光束直径	（0.8±0.2）mm
发散角	1.7mrad
噪声	<0.1%
稳定度	<3%
空间模式	TEM_{00}
偏振	垂直

在振荡级内由于激光脉冲在通过钛宝石晶体（$Ti：Al_2O_3$）时出现色散，布鲁斯特棱镜 BP_1 和 BP_2 用来补偿出现的色散。在 M_1 前面的装置是机械可调的狭缝装置，该装置在锁模和选模中都有重要作用。在连续模式情况下，谐振腔的光束直径较大，但是当激光器产生高强度锁模脉冲时要求光束直径非常小，因此需要将一个大小可调的狭缝放在适当的位置。振荡级的激光输出波长可以在 700～980nm 连续调节，其中输出 800nm 波长脉冲激光时可以达到最大输出功率。

2.4.2　飞秒激光放大级

上述介绍的飞秒激光振荡级的输出功率 0.65W，脉冲重复频率为 83MHz，单脉冲能量小于 8.6nJ，单脉冲能量较小，其能量大小可能不足以满足实验需要的瞬时功率测试条件。根据以上需求振荡级发出的激光脉冲需要由放大级进行放大，基本方法是将飞秒激光脉冲展宽至皮秒或纳秒量级，对展宽后的激光脉冲放大后再次压缩为飞秒激光脉冲。本实验室使用的激光脉冲放大级为美国相干公司的 Legend-F，飞秒激光放大级的输出参数见表 2-2。

表 2-2 飞秒激光放大系统（Legend-F）输出参数

名　称	参　数
脉冲宽度	<130fs
脉冲展宽	<150%
脉冲能量（1kHz）	>1mJ
光束直径	10mm
能量稳定度	<1%rms
偏振	水平
中心波长	800nm
空间模式	TEM$_{00}$

在放大级内，应用啁啾脉冲放大原理（Chirped pulse amplification，CPA），振荡级送入的飞秒激光脉冲经过光栅、镀金的凹面镜、平面镜和光路提升器组成脉冲展宽系统，激光脉冲被展宽为皮秒脉冲后进入再生放大腔，往返 20 次后达到增益饱和后释放到腔外，放大后的脉冲激光再进行时域压缩，得到放大的飞秒脉冲激光信号。

2.4.3　飞秒激光基本参数的测量

飞秒激光可以作为激发光源测量材料非线性特性，在数据拟合和分析过程中需要知道飞秒激光脉冲宽度和飞秒激光脉冲的束腰半径等参数。本节将介绍自相关法测量飞秒激光脉冲宽度，"刀片法"测量束腰半径的测量方法。

2.4.4　飞秒激光脉冲宽度的测量

激光脉冲宽度是指单个激光脉冲上升到最大幅值一半时算起到下降到幅值一半时的时间宽度值（Full Width at Half Maximum，FWHM），通常用 τ_p 来表示。现有的光电器件响应时间最快的也仅为皮秒量级，因此无法直接测量飞秒激光的脉冲宽度，只能借助于飞秒激光脉冲本身完成脉冲宽度测量。本节中使用自相关法来测量飞秒激光的脉冲宽度，如图 2-11 所示。自相关法测量脉冲宽度是利用飞秒脉冲对自身进行扫描，然后利用光学非线性效应获得脉冲的自相关信号。

自相关法测量脉冲宽度的光路如图 2-12 所示，实验中利用分束片 BS 将飞秒脉冲激光分成两束，并在其中一束引入可控的时间延迟线；经由不同路径的两束光被透镜聚焦到 BBO 倍频晶体上产生两束光的合频信号，通过改变时间延迟线可以获得随时间延迟变化的合频信号，进而计算出脉冲宽度。

自相关法测量脉冲宽度的原理如图 2-12 所示。两束光以非共线方式经过透

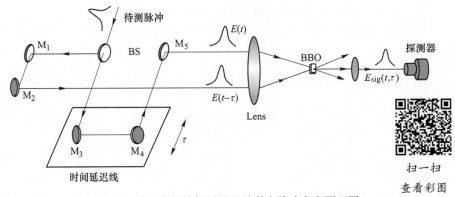

图 2-11　利用自相关仪测量飞秒激光脉冲宽度原理图

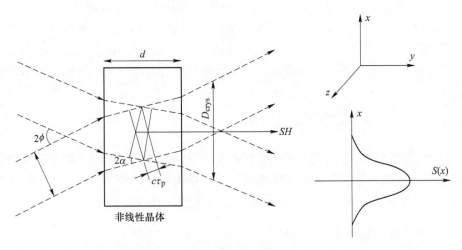

图 2-12　利用非共线相位匹配二次谐波效应测量单次脉冲的自相关仪原理图

镜聚焦到倍频晶体上，两束光到达晶体表面存在一定的时间差，因此探测器最后获得的倍频信号为两束光的强度相关函数 $R(x)$。

$$G(\tau) = \int_{-\infty}^{+\infty} I_1(t - \tau) I_2(t) \, \mathrm{d}t = \int_{-\infty}^{+\infty} I_1\left(t - \frac{x\sin\phi}{c}\right) I_2(t) \, \mathrm{d}t = R(x) \qquad (2\text{-}25)$$

自相关函数关于中心 $\tau = 0$ 对称。从这一公式看出脉冲宽度可以通过二次谐波信号的空间光强分布推导出来。由于二次谐波信号具有一定的发散角，CCD 记录仪上接收到两束光相关函数的 $R(x)$ 分布为一相对值，CCD 的接收位置变化会导致接收到的信号发生空间变化。在测量过程中，需要确定二次谐波信号的半峰宽 $\Delta x(\mathrm{FWHM})$ 与实际的脉冲宽度 τ 之间的关系。也就是对相关函数曲线进行定值标定，方法为：将入射到 BBO 倍频晶体上的两束激光中的一束光程改变 ΔS_0，对应的时间延迟变化为 $\Delta t_0 = \Delta S_0 / c$，则二次谐波的峰值位置移动 Δx_0，其表达式为

$$\Delta x_0 = \frac{c \Delta t_0}{n \sin\phi} \tag{2-26}$$

由于 $R(x) \propto G(\tau)$，因此可以看到二次谐波信号的空间分布曲线 $S(x)$ 的 Δx 与实际的脉冲宽度 τ_p 之间的关系为

$$\tau_p = \frac{n \sin\phi}{cK} \Delta x \tag{2-27}$$

式中，ϕ 为入射光夹角的 $1/2$；K 为与入射脉冲时域波形形状有关的波形因子，对应高斯 K 值为 $\sqrt{2}$；n 为非线性晶体中的折射率。

旋动自相关仪的螺旋测微器旋钮，调节两束光在非线性晶体上实现时间空间重合，产生倍频光。改变其中一束光的光程，移动延迟线 $100\mu m$，看到如图 2-13 所示的类高斯型二次谐波信号位置从实线到虚线峰值移动了 $1.5ms$，经过计算得出飞秒激光放大级输出的脉冲宽度为 $130fs$。

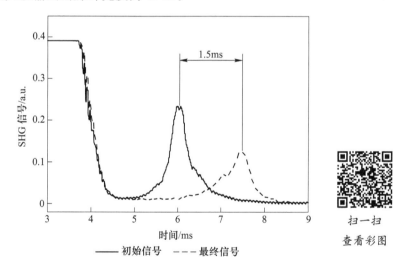

扫一扫
查看彩图

图 2-13 用自相关仪测量得到的二次谐波信号的强度曲线，
移动光学延迟线 $100\mu m$，二次谐波信号峰位移动 $1.5ms$

2.4.5 激光束腰半径的测量

在激光器使用过程中，激光光束的尺寸是一个重要的参数，激光光束尺寸越

小则相对能量密度越大，对光束的测量关系着实验数据的理论分析的真实性和准确性。束腰半径是指激光光束的重要参数，激光脉冲的横截面光强符合高斯分布，由于高斯光的圆周对称性，光强值为最大强度值 $1/e^2$ 处形成一个圆，该圆的半径，就是光斑横截面的半径；如果取束腰处的横截面来考察，此时的半径就是束腰半径。激光光束的尺寸通常用束腰半径或者光束的直径来衡量。对光束尺寸的测量方法有如下几种：狭缝扫描法、针孔扫描法、CCD 法、Ronchi 等光栅法、刀口法等。传统的狭缝扫描法和针孔扫描法是通过扫描功率为两个特殊值时的狭缝位置或者针孔位置来计算出束腰的尺寸，测量数据点较少容易产生误差，确定狭缝或者针孔的位置也容易出现测量不准确。CCD 测量法的激光功率不能过大，一般来说需要对激光脉冲进行衰减后完成测量，但是衰减进行的过程中会导致激光光束尺寸发生改变；Ronchi 等光栅法特制的高精度光栅，借助于步进电动机连续匀速运动同时还需要找到透射光的最大光强和最小光强值。在实验中采用刀口法完成激光束腰半径的测量，其理论思想是利用高精度刀片逐渐对光束进行遮挡后测量总的透射光强，通过理论拟合的方法计算得到其束腰半径。

　　图 2-14 为刀口法测量束腰半径实验装置和测试原理。激光束通过透镜聚焦，利用步进电动机带动固定在位移平台上的刀片前后移动，同时记录刀片位置和功率计间的数据关系，以上过程通过计算机控制完成，该装置测量精度高，可重复性好。

　　图 2-14（a）为刀口法的理论依据图，图 2-14（b）为光束被部分遮挡后光强的变化示意图。测试使用的刀片要求刀口要平直，透射光强函数为阶跃函数，在光电探测器尽可能靠近刀片的刀口时减小衍射量，利用这种方法可以测量微秒级光束半径大小是可行的。高斯型激光光束的横向分布可以表示为

$$|E(x,y,z)| = \frac{c}{\omega(z)}\exp\left[-\frac{x^2+y^2}{\omega^2(z)}\right] \tag{2-28}$$

式中，x、y 为垂直激光脉冲传播方向 z 轴的横截面坐标；$\omega(z)$ 为 z 点的束腰半径。

　　束腰半径处的横截面内光强分布为

$$P_0 = |E(x,y,z)|^2 = \frac{c^2}{\omega^2(z)}\exp\left[-\frac{2(x^2+y^2)}{\omega^2(z)}\right] \tag{2-29}$$

式中，P_0 为激光的总功率；$\omega(z)$ 为按照最大强度的 $1/0.1353e^2$ 所定义的束腰半径，当超出束腰半径范围时光强快速衰落，一般可以忽略不计。

　　当刀片移动到切割激光束的某个位置时透过的光功率可以表示为

$$I(x, z) = \int_{-\infty}^{\infty} \int_{x}^{\infty} \frac{2P_0}{\pi\omega(z)} \exp\left(-\frac{2x^2 + 2y^2}{\omega(z)^2}\right) dx dy$$

$$= P_0 \int_{x}^{\infty} \sqrt{\frac{2}{\pi}} \frac{1_0}{\omega(z)} \exp\left(-\frac{2x^2}{\omega(z)^2}\right) dx \qquad (2\text{-}30)$$

对上公式进行求导后可以得到

$$\frac{dI(x,z)}{dx} = \frac{P_0}{\sqrt{\pi}\,\omega(z)} \exp\left[-\frac{x^2}{\omega^2(z)}\right] \qquad (2\text{-}31)$$

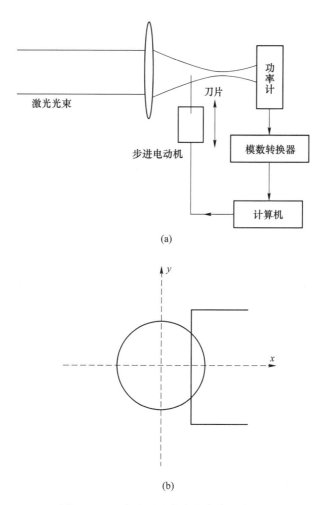

(a)

(b)

图 2-14 刀片法测量激光光束束腰半径

（a）刀片法测量激光光束束腰半径实验装置图；（b）刀片与光斑的相对位置

根据上面公式可以发现只要求得刀片切割激光光束是透过的激光功率不同，求导后进行拟合就可以得到相应位置的束腰半径值。利用图 2-14 所示的刀片法测量束腰半径的方法，测量的刀片移动距离和接收端接收到的光强之间的关系如图 2-15 所示，其中点线为测量值，实线为高斯光束拟合曲线。经以上测算，飞秒激光放大级激光经透镜聚焦后的束腰半径为 $30\mu m$。

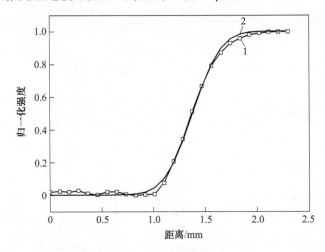

图 2-15　刀片移动距离与光强之间关系的实验结果和理论拟合

1—实验数据；2—拟合曲线

2.5　超快光学测试装置中用到的设备

除了上述飞秒激光系统，实验中还用到了包括高精度步进位移平台（TSA100，卓立汉光）、低噪声预放大器（Low-noise voltage preamplifier，SR560）和锁相放大器（SR7265，SIGNAL RECOVERY）、增强电荷耦合器（Intensified CCD，ICCD）等设备，本节分别对以上仪器进行介绍。

2.5.1　电控位移平台

在泵浦探测和 Z 扫描实验装置中都需要精确移动样品位置或光学器件位置。为精确控制移动的位置，在实验过程中使用了步进电动机控制的 TSA100 位移平台，该平台借助于卓立汉光公司生产的 MC400 型控制箱进行控制，TSA100 位移平台的技术参数见表 2-3。

实验过程中的被测样品有固体和液体两种：固体要放到载物平台上，液体样品放置到石英比色皿中进行测试，所以在电控位移平台的基础上增加了一个可以方便调节位置的平台用来固定样品，同时还可以调整位移精度，微调样品的位置。

表 2-3　TSA100 位移平台参数表

名　　称	参　　数
位移平台长度	300mm
最大行程	200mm
载重量	15kg
步进电动机型号	42M-0.9D
分辨率	1.25μm
额定电流	200mA

在泵浦探测实验中需要利用位移平台来用于调整光延迟时间，也称为光延迟线，其原理是调整激光脉冲到达样品的光程长度以调整经两束脉冲激光间的相对时间差。

2.5.2　预放大器和锁相放大器

SR560 型预放大器是一种低噪声高增益的电信号放大器，在实验过程中对光电探测器提供的信号进行放大后送入锁相放大器提取信号。预放大器与锁相放大器搭配使用，所以在本节后续的光路原理中省略了预放大器部分的说明。

锁相放大器是一种测量微小且具有固定频率范围的交流电信号并进行相敏检波的信号提取仪器。利用锁相放大器可以实现对纳伏量级的微弱交流电信号进行提取。锁相放大器的检测是基于互相关理论，具有灵敏度很高，信号处理容易的特点，在微弱信号检测领域中是一种有效的信号提取方法。本节在 Z 扫描实验及泵浦探测实验中都使用了锁相放大器来提高信号的信噪比。

锁相放大器利用与被测信号有同频同相的参考信号作为基准信号，只对被测信号与参考信号具有一致频率特性的成分有响应。通过这一过程能对噪声信号有效抑制，提高信噪比。在进行光学实验过程中由于被测信号值通常较小，会出现信号完全被噪声淹没的情况，通过锁相放大器可以从噪声中提取这种微弱信号。在 Z 扫描和泵浦探测实验装置中，光电探测器接收到的热透射/反射信号的提取、滤波和放大是通过锁相放大器和预放大器来实现的，使用的是美国 SIGNAL RE-COVERY 公司生产的 SR7265 型锁相放大器，它的频率检测范围很宽，可以从1mHz 到 250kHz，灵敏度很高电压输入模式下可以达到 2nV，电流输入模式下可以达到 2fA。

在实验装置中使用了光学斩波器，其作用是将飞秒激光脉冲调制成有固定频率的光信号，并输出参考信号的器件。斩波器在工作中会给予锁相放大器两个信号，一个是参考信号，另一个是通过斩波器调制后的激光信号，两个信号具有相同的频率。在实验中可以利用调制后的光信号进行泵浦、探测等用途。锁相放大器是利用输入信号和参考信号的乘法运算原理、再通过低通滤波器处理对信号完成窄带化处理，能有效地抑制噪声，实现对信号的准确检测和跟踪。

锁相放大器从噪声中提取并放大所需要的信号是通过相敏检波（Phase Sensitive Detection）技术来完成的。当参考信号与响应信号的相位差为零时相关器的输出信号最大，达到锁相的目的。在参考信号的幅值为已知的情况下，就可以测定输入信号的幅值了。

图 2-16 为锁相放大器的检测原理图，输入包括含有噪声的信号和参考信号两部分，分别表示为 $V_I\sin(\omega_R t + \theta_I) + N(t)$ 和 $V_R\sin(\omega_R t + \theta_R)$，$V_I$ 为响应信号的幅值，θ_I 为响应信号的相位；V_R 为参考信号的幅值，θ_R 为参考信号的相位；参考信号与被测信号的频率均为 ω_R，通过混频器进行运算的结果可以表示为式（2-32）：

$$V_{M1} = \frac{1}{2}V_I V_R\cos(\theta_R - \theta_I) + \frac{1}{2}V_I V_R\sin(2\omega_R t + \theta_I + \theta_R) \tag{2-32}$$

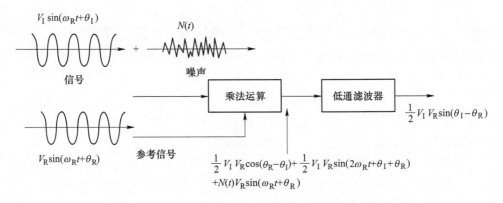

图 2-16　锁相放大器的检测原理

因为混频器输入的待测信号与参考信号具有相同的频率，式（2-32）中第一项为直流信号，而第二项则是频率为 $2\omega_R$ 的交流信号。所以将式（2-32）中的信号通过一个低通滤波器后其结果为式（2-33），其交流成分全部被滤掉，剩余的直流分量与输入的待测信号和参考信号的幅值成正比关系。

$$V_{M1+FILT} = \frac{1}{2}V_I V_R\cos(\theta_R - \theta_I) \tag{2-33}$$

另外，需要测量待测信号与参考信号的相位差（$\theta_R - \theta_1$），还需要经过一些数学运算过程即可实现。可以看到经过上述的一系列的变换处理，锁相放大器把待测信号中与参考信号频率相同的信号提取出来，有效抑制了噪声和其他频率成分对数据带来的影响，从而得到具有较高信噪比的信号。通常情况下，为了更好地使用锁相放大器，需要同时使用斩波器来提供一个参考频率，斩波器提供的频率就是信号的频率。此外，为了实现处理得到足够大的信号，实验中使用了 SR560 型预放大器来对输入锁相放大器之前的信号进行滤波和放大。

2.5.3 ICCD 功能原理与性能指标

ICCD（Intensified CCD）是带有像增强功能的 CCD 相机，图 2-17 是 ICCD 的结构组成和微通道板的功能示意图。CCD（Charge-Coupled Detector）是一种光电转换检测器，是用半导体硅片作为基材的光敏元件制成的多点阵列集成电路型平面检测器，它的主要组成包括像增强器和 CCD 面板。ICCD 工作原理为利用光子激发产生电荷被收集、存储在 MOS（Metal Oxide Semiconductor）电容器中。光子产生的电荷可以在 MOS 电容器中长时间保持，可以将其对应的信号值一行一行地通过高速移位寄存器送入信号放大器，放大后的信号存储到计算机中。像增强器主要包括：荧光屏、微通道板、光阴极几个组成部分。在荧光屏与微通道板、微通道板与荧光屏间存在高电场，光子激发光阴极板产生电子，微通道板对电子束进行放大，放大后的电子束在荧光屏上成像，经光纤束耦合到 CCD 是对像进行记录，这样就实现了弱光信号的检测与存储。

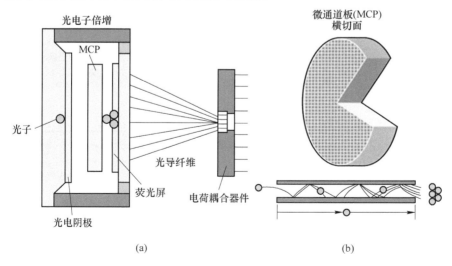

(a)　　　　　　　　　　　　(b)

图 2-17　ICCD 的结构组成和微通道板

实验中使用的 ICCD 型号为普林斯顿仪器公司的 PI-MAX-4：1024i，这是新一代高度集成化的带有增强功能的 CCD 相机（ICCD）系统，可用来检测微弱光信号，具有响应速度快、低噪声、高灵敏度的特点，其 CCD 具有 1024×1024 点阵，单个像素点大小仅为 12.8μm × 12.8μm，CCD 面板大小为 13.1mm × 13.1mm（对角线长 18.5mm）；高速快门控能（小于 500ps），内置集成可编程定时器（Super Synchro），与 LabVIEW 完美兼容，是实现时间分辨功能的理想设备。

2.6　本章小结

本章介绍了非线性光学与载流子动力学基本原理，对非线性吸收理论及其分类、超连续白光瞬态吸收理论、相关的光物理过程进行了详细介绍，描述了相关原理的物理机理，介绍了应用于光学非线性测量的 Z 扫描实验技术，介绍了瞬态吸收技术的基本原理、实验方法、实验设备及数据分析方法，为后续的研究过程提供了理论以及实验手段的支撑。

3 黑磷纳米片的超快光物理过程

<<<<<<<<<<<<<<<<<<<<<<<<<<<<<<<<<<<<<<<<<<<<<<<<<<<<<<<<<<<<

3.1 样品的制备与表征

3.1.1 二维 BP 纳米片的制备

本章中使用的 BP 纳米片是应用液相剥离法，在体块材料中剥离制备而成。体块材料由 MuKenano 公司提供。使用约 50mg 的黑磷块体，溶解在 100ml 蒸馏水中用氩气鼓泡以消除溶解氧分子，避免氧化。为将系统保持在相对较低的温度，混合溶液在冰水中超声 8h。然后在 1500r/min 转速下离心 10min，除去残留颗粒，收集上清液。采用蒸发加权法测定了 BP 纳米片水溶液的浓度，将溶液稀释至 0.2mg/ml。为防止氧化和热降解，将 BP 纳米片水溶液密封放置在 4℃ 的电冰箱里。作者按此方法制备了一系列分散在水中的 BP 纳米片。BP 纳米片在水中能稳定 2 周以上，经过测试发现 BP 纳米片在黑暗中未发生明显的降解，其纳米片状形貌被保留。

3.1.2 结构表征

典型的投射电镜 TEM（FEI Tecnai G200）图像显示了 BP 纳米片的形貌，可以看到纳米片超薄形态以及重叠在一起的特征，如图 3-1 所示。

从图 3-1（a）和（b）所示的图像来看，在 500nm 与 200nm 不同比例尺所表

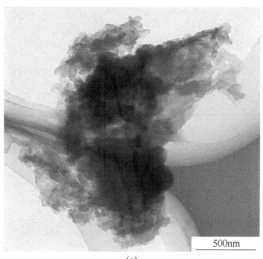

500nm

(a)

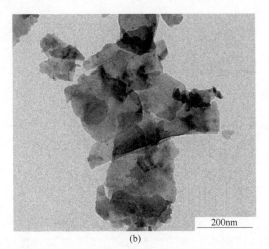

(b)

图 3-1　BP 纳米片在不同位置和比例尺的 TEM 图像

(a) 黑磷纳米片 TEM 图像, 约为 500nm; (b) 黑磷纳米片 TEM 图像, 约为 200nm

示的 TEM 图像中能够观察到, 黑磷纳米片尺寸从 100nm 到 1000nm 不等, 这与先前报道的结果相符。如图 3-2 (a) 所示, 透射电镜图像显示了 BP 纳米片超薄和

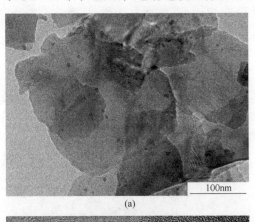

(a)

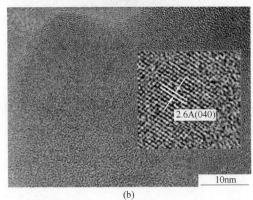

(b)

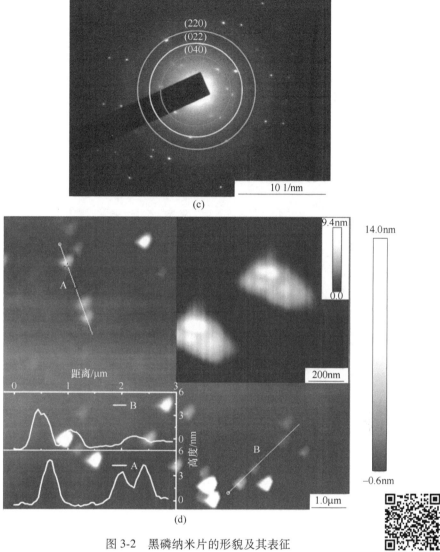

图 3-2 黑磷纳米片的形貌及其表征

（a）黑磷纳米片 TEM 图像；（b）高分辨率 TEM 图像，内嵌图是原子排列；
（c）相应的选择性区电子衍射（SAED）图案的示意图；（d）AFM 图像

扫一扫
查看彩图

重叠的特征，其在视野范围内的尺寸约为 100nm 或 200nm。

在图 3-2（b）中，高分辨率 TEM 图像显示了独立的 BP 纳米片的高质量情况。放大图像显示了 BP 纳米片的（040）平面，测量的晶格距离为 2.6nm，用标准的 JCPDS（73-1358）处理后，如图 3-2（c）可以清楚地观察到（040），（022）和（220）面的选区电子衍射图。利用原子力显微镜和透射电镜对 BP 纳米片的尺寸和厚度进行了估计，如图 3-2（d）所示，原子力显微镜显示了 BP 纳米片平均厚度为 3~6nm。考虑到沉积和干燥过程中地聚集和重叠，实验中使用的平均层数为 4~8 层。

3.1.3　光谱表征

在室温下用紫外可见光分光光谱仪（TU-1901，Persee）测量了 BP 纳米片吸收谱。如图 3-3（a）所示，从可见光区到近红外区可以观察到了强吸收，插图中的晶体结构示意图显示了相邻纳米片的相对位置，层间间距约为 0.53nm。BP 纳米片水溶液在黑暗中是非常稳定的，即使在 2 周后，吸收谱也没有明显的变化。

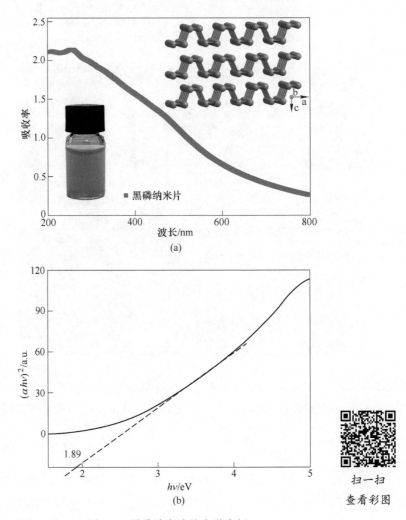

扫一扫
查看彩图

图 3-3　黑磷纳米片的光学表征

（a）黑磷纳米片的吸光谱，插图的是多层黑磷的晶格结构示意图，底部的插图是
黑磷纳米片水溶液的图片；（b）对应的 Tauc，准带隙（Eg）为 1.90~2.00eV

如图 3-3（b）所示，利用 Kubelka-Munk 公式对所制备的黑磷纳米片带隙进行的近似求解。

$$A = -\lg(R) \tag{3-1}$$

$$F(r) = (1-R)^2/2R = a/s \tag{3-2}$$

式中，R 为反射率；a 是吸收系数；s 是反射系数。通过式（3-1）求每个吸光度对应的反射率 R，用 $E = 1240/\lambda$ 做横坐标，λ 是波长，利用式（3-2）求 $F(r)$，用 $[F(r) \times E]^{1/2}$ 做纵坐标，通过对处理后的曲线做切线，近似得到带隙区间，经过求解得到制备的黑磷纳米片带隙为 1.90~2.00eV。

3.2 可见光波段 BP 纳米片的非线性特性

为了解高能量下 BP 纳米片的非线性性质，利用纳秒激光进行了宽带开孔 Z 扫描测量。并且进行了 520nm 与常见的 532nm 波段多个能量的 Z 扫描实验。为了消除由多个激光脉冲的热积累引起的可能的非线性，我们使用低重复频率（10Hz）的激发激光。为验证我们的纳秒开孔 Z 扫描实验设备及装置，在本书 2.1.2 节进行了二硫化碳的非线性吸收系数测量，数据结果与文献报告结果一致。

3.2.1 多波长激发的饱和吸收

为了探究黑磷在不同波长激发下非线性吸收情况，我们进行了 480~680nm 的宽带 Z 扫描实验，图 3-4（a）为 0.22GW/cm^2 不同波长下的结果。通过式（2-1）理论拟合，得到饱和吸收光强 I_s，如图 3-4（b）所示，可以看到随着波长从 480~660nm，在相同的激发光强下，饱和光强逐步变大，说明在不同波长情况下，饱和吸收强度逐渐变大的趋势。并且通过对线性透过率的测量发现，随着波长减小线性透过率也呈现了逐步减小的趋势。

饱和吸收的机理可按如下方式解释：当入射激光辐照 BP 纳米片时，BP 纳米片受到光子辐照吸收能量会发生跃迁到高能级现象，此时单光子吸收是主要原因。当大量黑磷吸收光子跃迁到高能级，导致处于基态黑磷较少时，会发生基态的漂白现象，即我们观察到的实验曲线的峰值，表现为饱和吸收现象，在较长波长时，单光子能量较小，吸收系数也随着比较小；但当波长逐渐变小时，单光子能量随之增大，表现出来的结果就是吸收系数也出现了变大的情况。

虽然许多学者报道了依赖波长的饱和光强，但对于不同的脉冲宽度，其结果并不一致，其潜在的机理仍不清楚。Lu 等用飞秒和皮秒激光器进行了 Z 扫描测量，在他们的实验中，发现飞秒和皮秒激发的波长越小，饱和光强越大。Zhang 等用皮秒激光（40ps，10Hz）在三种不同波长（1064nm、532nm、355nm）测量了 BP 纳米片的饱和光强，测量到的饱和光强也随着波长的增加呈现下降趋势。Huang 等在 532nm 和 1064nm 处进行了纳秒 Z 扫描测量（6ns，10Hz），发现在 1064nm 处饱和光强较大，这与我们的结果一致。

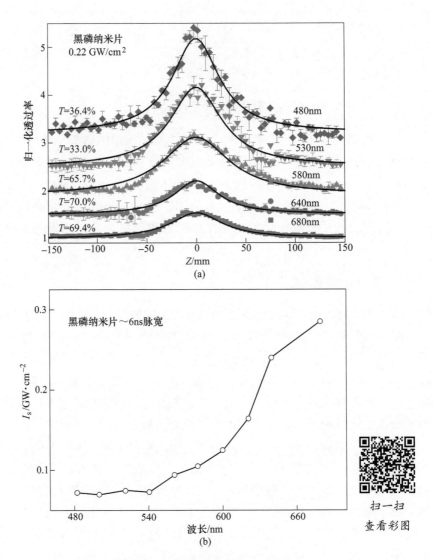

图 3-4　黑磷纳米片的非线性光学实验数据

（a）在可见光区不同波长下的纳秒开孔 Z 扫描实验结果，
黑色实线为拟合曲线；（b）0.22GW/cm² 与波长相关的饱和光强图

根据报道的结果和我们的结果，提出以下假设。对于飞秒激光器，脉冲持续时间极短，因此饱和效应被限制在一个与激发相关的小能量范围内。对于较大的光子能量（较短的波长），通常会有更多的光学跃迁通道，这样就很难达到饱和。对于皮秒激光激发的情况，文献中的脉冲宽度为 20~30ps，与寿命相当，在电子被激光激发之后，它们会下降到导带的最小值，然后逐渐增加。光子能量相对较小，受影响较大，饱和光强较小。对于纳秒激光激发的情况，波长依赖的饱和光强的行为与飞秒和皮秒激光器正好相反。由于脉冲持续时间比寿命长得多，整个系统（BP 纳米片）应该处于稳态状态。如果我们对导带应用抛物线近似，很容易看到在带最小值附近，有更多的状态。因此，在导带最小值附近，在一个寿命周期后弛豫的电子总数应该比在一个相对高的能量状态下要多得多，这有效地构成了更多的可用状态，并增加了饱和光强。表 3-1 列出了黑磷纳米片在不同波长以及不同能量下的非线性吸收系数。

表 3-1　在不同波长以及不同能量下的吸收系数

λ/nm	泵浦能量 /$\text{GW} \cdot \text{cm}^{-2}$	$T/\%$	α /cm^{-1}	I_s /$\text{GW} \cdot \text{cm}^{-2}$	$\beta/\text{cm} \cdot \text{GW}^{-1}$
480	0.22	36.4	5.053	0.072	—
520	0.11	35.1	5.235	0.057	—
	0.36	35.1	5.235	0.073	—
	0.64	35.1	5.235	0.088	4.9
530	0.22	33.0	5.543	0.071	—
580	0.22	65.7	2.100	0.105	—
640	0.22	70.0	1.783	0.241	—
680	0.22	69.4	1.826	0.284	—

3.2.2　多激发能量的非线性吸收

图 3-5（a）显示了在 520nm 处，从 0.01GW/cm^2 到 0.64GW/cm^2 不同能量的 Z 扫描测量结果。从 0.01GW/cm^2 到 0.36GW/cm^2，峰值变得更高更宽，饱和效应更强。然而，在最高的入射能量（0.64GW/cm^2）时，焦点周围出现一个谷值，意味着吸收增加，这种现象通常被称为反饱和吸收。反饱和吸收的产生机制有几种，通常情况下与双光子吸收有关。在这里我们发现，即使在最高的能量（0.64GW/cm^2），相比于 $10~10^2\text{GW/cm}^2$，仍然相当小。另一个可能的机制是激发态吸收（ESA），它实际上可以在相对较低的强度中发生。在热电子降到最

低导带后，它们可以吸收另一个光子并再次被激发到更高的能级。随着入射激光功率的增加，最小导带上的电子逐渐增多。最小导带上的电子越多，激发态吸收就越强。最终，它会变得比单光子吸收的饱和效应更强。图 3-5（b）为在 520nm 激发波长下饱和光强与入射能量的关系曲线，能够看到随着能量的增大，饱和光强也随着增大，与 Z 扫描实验数据展现的规律相符。

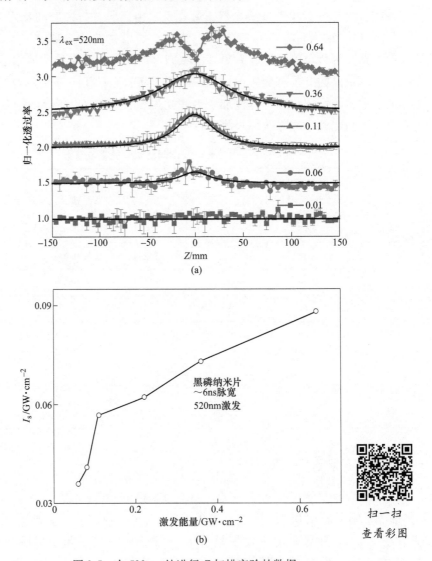

图 3-5　在 520nm 处进行 Z 扫描实验的数据

（a）在 520nm 处进行波长依赖的开孔 Z 扫描实验结果，能量从 0.01GW/cm^2

变化到 0.64GW/cm^2；（b）520nm 处能量依赖的饱和光强，

激发能量从 0.06GW/cm^2 变化到 0.64GW/cm^2

溶剂与激发光脉宽对于非线性吸收情况也有较大影响，为了研究不同溶剂对黑磷纳米片非线性吸收能力的影响，通过查阅文献，我们将不同脉冲宽度和不同溶剂下的饱和光强总结为表 3-2。表中 IPA 为异丙醇、NMP 为 N-甲基吡咯烷酮、CHP 为异丙苯基过氧化氢、water 为去离子水，通过分析可知飞秒激光激发的饱和光强 I_s 远大于皮秒和纳秒激光激发的 I_s。我们将这种现象归因于飞秒激光的脉冲宽度较短，对于皮秒和纳秒激光，由于一个脉冲的持续时间较长，受脉冲前沿激发的电子可以屏蔽激光脉冲后部分的激发，从而使饱和光强大大降低。此外，由于纳米片质量和分散浓度的不同，吸收不同也是合理的。另一方面，通过控制浓度，可以很容易地在宽带可见光区域内控制饱和光强，这种显现可应用于调 Q、锁模激光器和光调制器。

表 3-2　不同脉冲宽度和溶剂条件下 BP 纳米片的饱和光强

脉冲宽度 /fs	波长 /nm	溶剂	$T/\%$	I_s /GW·cm^{-2}	脉冲宽度	波长 /nm	溶剂	$T/\%$	I_s /GW·cm^{-2}
100	400	IPA	70.5	455.3±55	20ps	355	IPA	30.3	1.3×10^{-3}
100	800	IPA	85.6	334.6±55	30ps	532	IPA	31.0	7.6×10^{-3}
100	800	NMP	68	123	40ps	1064	IPA	36.0	3.1×10^{-2}
100	800	CHP	86.2	459	6ns	532	NMP	79.7	4.85×10^{-2}
100	1330	CHP	80.3	382±60	6ns	1064	NMP	81.9	1.37×10^{-1}
100	800	NMP	—	535.3	6ns	532	CHP	20	10~126
340	515	CHP	—	约50	6ns	480	water	36.4	7.2×10^{-2}
340	1030	CHP	—	约500	6ns	530	water	33.0	7.1×10^{-2}
340	1030	CHP	约80	300	6ns	680	water	69.4	2.8×10^{-1}

考虑到二维材料的特性，相关现象的机理可以做出如下解释：在较弱激光激发下，BP 纳米片受到光子辐照吸收能量会发生跃迁到高能级现象，此时单光子吸收是主要原因，当大量黑磷吸收光子跃迁到高能级，导致处于基态黑磷较少时，会发生基态的漂白现象，即我们观察到的实验曲线的峰值，表现为饱和吸收现象。当激光能量进一步增加时，此时绝大多数样品的电子吸收光子能量跃迁到了高能级，当激发能量继续增强时，在高能级底部的电子仍能够吸收光子能量，向更高等级跃迁，此时激发态吸收发生，激发态吸收截面大于基态吸收截面，则激发态吸收强于基态吸收，相伴的现象则为透过率降低，即出现谷的曲线趋势，从而导致反饱和吸收效应。

3.3　BP 纳米片的光动力学探究

为了研究 BP 纳米片的超快载流子动力学，作者测量了宽带瞬态吸收光谱。采用了两种不同的激发波长进行研究。首先介绍在 400nm 波长激发下的瞬态吸收及光物理机制分析。

通常情况下，在泵浦脉冲激发之后，电子会在几十个飞秒内通过 Franck-Condon 激发跃迁到导带，并在价带中留下空穴。然后，导带上的热电子会通过电子—电子和电子—声子散射使电子冷却，从而使电子达到最小态。最后，导带上的电子将通过不同的衰变通道跃迁回到价带。由于在整个过程中电子的再分配，折射率会发生变化，并被探测脉冲捕获。

为了研究不同泵浦条件下的载流子动力学，本节研究了 400nm 和 800nm 泵浦条件下的宽带瞬态吸收光谱，如图 3-6 所示。当 400nm 激发时，相对高强度激发能量的载流子动力学表明了一个额外的衰减通道，这可以用有效的子带结构来解释。作者首先使用 400nm 作为泵浦波长，并采用了相对较低的泵浦光强度，泵浦能量为 $6.4 \times 10^3 \, \text{mW/cm}^2$。其光子能量远高于 BP 纳米片的最大带隙（2.00eV）。图 3-6（a）显示了探测波长 470~720nm 的宽带瞬态吸收信号。图 3-6（b）显示了相应的不同时间延迟下光密度变化的光谱。正值吸收谱的变化表明，在整个光谱区发生了激发态吸收（ESA）。这与之前报道的 BP 纳米片和 BP 量子点的研究结果一致。

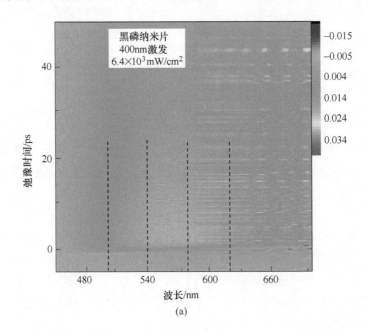

(a)

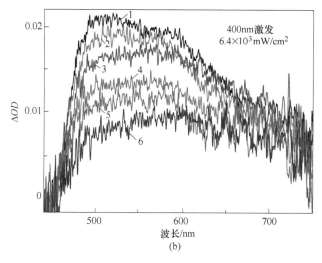

扫一扫
查看彩图

图 3-6 泵浦波长为 400nm 的 BP 纳米片的波长和能量依赖

（低能量区 $6.4×10^3\,mW/cm^2$）的超快载流子动力学

（a）在 400nm 泵浦的 BP 纳米片瞬态吸收谱；（b）不同延迟时间的光密度变化谱

1—3ps；2—6ps；3—12ps；4—20ps；5—50ps；6—70ps；

应用式（2-17）进行理论拟合，并到相关弛豫寿命。如图 3-7（a）所示，在四种不同的探测波长（500nm、540nm、580nm、620nm）下研究了 BP 纳米片的超快载流子动力学。

当泵浦能量为 $6.4×10^3\,mW/cm^2$ 时，衰减时间随探测光波长的延长而延长。在较长的波长下，处于较低能级的电子更有可能被探测到，它们的衰变速度比处于较高能级的电子慢。在石墨烯中也观察到类似的现象。图 3-7（b）显示了在探测光为 520nm 时泵浦能量相关的载流子动力学。数据可以很好地用单指数函数拟合。随着泵浦能量的增加，拟合寿命从 148.9ps 下降到 76.2ps，这通常归因于电子-声子耦合的载流子密度依赖性。

图 3-8（a）为在相对较高的激发能量下（$3.8×10^3\,mW/cm^2$），使用 520nm 探测波长和 400nm 泵浦波长的瞬态吸收光谱。数据不能被单指数函数拟合，这意味着有两个不同的弛豫通道。我们认为包含两个部分，分别为衰减时间为 τ_1 的快过程和衰减时间为 τ_2 的慢过程。

从图 3-8（b）中可以看出，在探测波长较长时两个衰减时间 τ_1 和 τ_2 都有所增加，这与低能量时单指数函数拟合的规律呈相同的趋势，如图 3-9（a）左图所示。如图 3-9（b）右图所示，对于相对较低的能量，随着能量的增加，衰减时间 τ 呈现出减小的趋势。而高能量时，τ_2 呈上升趋势。同时，衰减时间 τ_2 明显

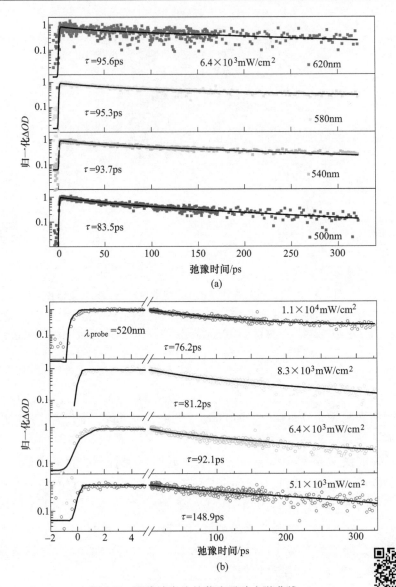

图 3-7　黑磷纳米片的载流子动力学曲线

（a）泵浦能量固定在 $6.4 \times 10^3 \, \text{mW/cm}^2$ 时不同波长探测光载流子动力学曲线；

（b）$5.1 \times 10^3 \sim 1.1 \times 10^4 \, \text{mW/cm}^2$ 不同泵浦能量下的载流子动力学曲线

（400nm 泵浦）探测光波长为 520nm

扫一扫
查看彩图

大于衰减时间 τ。通常，在二维材料中，对于单导带，我们可以近似理解为，快速的衰变过程与电子—电子散射有关，缓慢的衰变过程与电子—声子散射有关。然而，由于在相对高的能量中，载流子寿命与能量有关，这种近似可能是无效的。

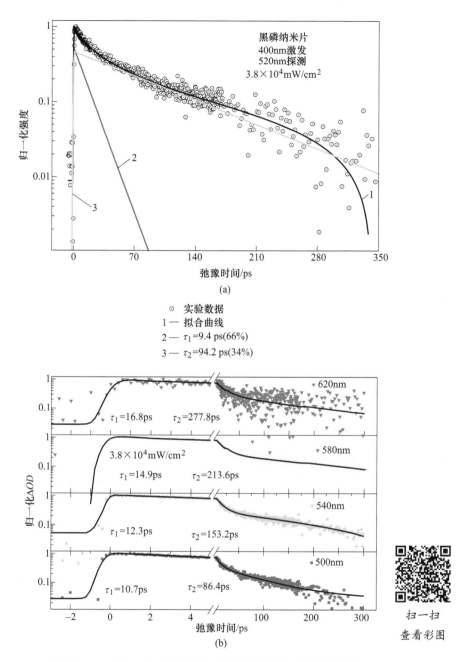

图 3-8　在 400nm 波长激发下，低泵浦能量区与高泵浦能量

区载流子动力学的比较

（a）用 400nm（3.8×10^4 mW/cm^2）波长泵浦光测量瞬态吸收光谱信号，探测光

波长为 520nm，应用双 e 指数函数拟合；（b）400nm 泵浦，能量为 3.8×10^4 mW/cm^2，

不同探测波长（500nm、540nm、580nm、620nm）的载流子动力学曲线

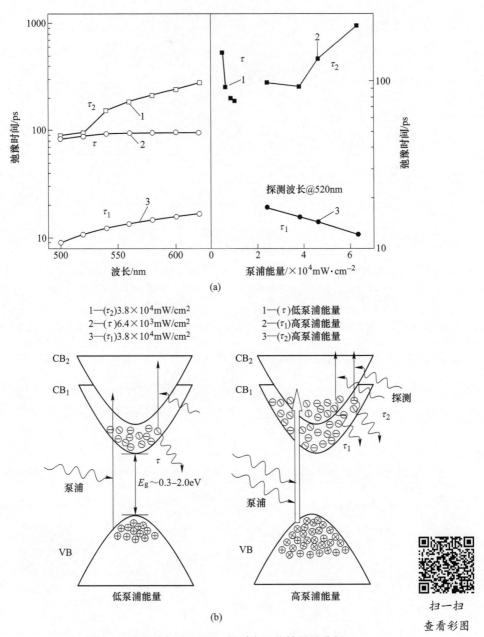

(a)

1—(τ_2)3.8×10^{4}mW/cm^2　　　　1—(τ)低泵浦能量
2—(τ)6.4×10^{3}mW/cm^2　　　　2—(τ_1)高泵浦能量
3—(τ_1)3.8×10^{4}mW/cm^2　　　　3—(τ_2)高泵浦能量

(b)

扫一扫

查看彩图

图 3-9　激发波长为 800nm 的瞬态吸收结果及分析

（a）左图：低能量（6.4×10^{3}mW/cm^2）和高能量（3.8×10^{4}mW/cm^2）时，依赖探测光
波长的弛豫寿命（在 400nm 波长泵浦）。右图：在低能量和高能量区域时，
依赖泵浦能量的载流子弛豫寿命；（b）分别用 400nm 激光泵浦，在弱泵浦（左）
和强泵浦（右）条件下，BP 纳米片子带结构示意图和载流子动力学

对于二维材料，由于量子限域效应，在最低导带之上还存在其他子带。Wang 等通过一个有效的子带模型成功地解释了 BP 纳米片中波长依赖的光开关效应。在此，我们根据观察低能量和高能量的差异，对 Wang 等提出的子带结构进行修正，构建图 3-9（b）所示机制。当泵浦能量较低时，只有最低的子带（CB_1）将被填满。随着泵浦能量的增加，CB_1 将被越来越多的电子填充，直至饱和。在饱和能量之上，额外的电子将开始以更高的能级填充下一个子带（CB_2）。在与空穴重新结合之前，CB_2 上的电子需要经过一个额外的步骤，即首先衰变为 CB_1，这有效地延长了 CB_1 上电子的寿命。这一过程类似于 III-V 半导体中的谷间散射。然而，由于 BP 是一种直接带隙材料，因此不存在其他下部间接带隙。这种散射过程不应该被考虑。通过图 3-9（b），我们就可以很容易的理解快衰减 τ_1 的行为。

在低泵浦能量时，由于没有达到第二有效子带，因此不存在更快的弛豫过程。在高泵浦能量如大于 2.4×10^4 mW/cm² 时，出现较快的衰减通道。在 3.8×10^4 mW/cm² 下测量时，如图 3-8（b）所示，可以看出对于更长的探测波长，快衰减 τ_1 更长。在 520nm 时，随着泵浦能量从 2.4×10^4 mW/cm² 增加到 6.3×10^4 mW/cm²，τ_1 从 17.4ps 减少到 12.1ps。在泵浦能量达到足以触发第三子带之前，因为没有从高带发生电子散射，所以与第二子带相关的衰变过程应该像正常单带一样。因此，受波长和能量影响的弛豫寿命 τ 与低能量时相似。

作为比较，研究了在 800nm 波长激光泵浦下的载流子动力学，如图 3-10 所示。从图 3-10（a）吸收谱可以看出，800nm（1.55eV）处的吸光度比 400nm 处的要小得多。对于液相剥离法制备的 BP 纳米片，其准带隙（可作为平均带隙）可能比机械剥离的准带隙大得多，这可能是由于应变引起的带结构变化所致。从吸收谱可以看到，我们的 BP 纳米片的带隙约为 1.90eV，大于 1.55eV，所以很难通过单光子吸收来激发价带中的电子，这就解释了为什么在 800nm 处的吸收比在 400nm 处的吸收要弱得多。为了研究类似条件下的瞬态吸收光谱，我们使用中性密度滤波器调节 800nm 波长泵浦光激励下的泵浦效应，以确保在归一化前的瞬态吸收信号峰值与弱 400nm 激励下的峰值相似。

在图 3-11（a）中，类似于 400nm 波长激光泵浦时情况，拟合的衰变时间在较长的波长下增加。从泵浦能量依赖的载流子动力学可以得到，如图 3-11（b）所示，在 800nm 和 400nm 激发下有两个截然不同的特征。首先，在 800nm 激发下的寿命比在 400nm 激发下的寿命短得多。其次，800nm 激发下的寿命随泵浦能量的增加先增大后减小，而在 400nm 激发下的寿命则单调减小。虽然吸收谱得到的准带隙约为 1.90eV，但由于厚度的分布，BP 纳米片仍是一种很好的宽带吸收材料。在较厚的纳米片中，实际带隙可远低于 1.55eV，并可发生线性吸收。从

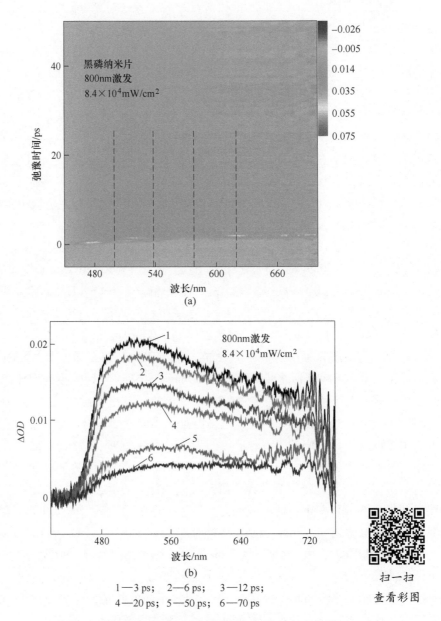

图 3-10　BP 纳米片在 800nm 泵浦波长下的波长和能量
依赖的超快载流子动力学

（a）在 800nm 泵浦波长，泵浦能量为 $8.4 \times 10^4 \mathrm{mW/cm^2}$ 的条件下，黑磷纳米片的瞬态吸收
光谱的二维（2D）映射；（b）不同延迟时间光密度变化的光谱

扫一扫
查看彩图

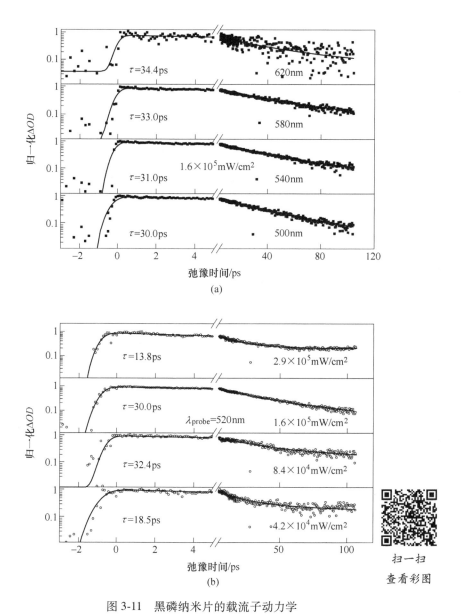

图 3-11 黑磷纳米片的载流子动力学

（a）不同探测光波长下的载流子动力学（泵浦波长 800nm 时），泵浦能量固定在

$8.4×10^4 mW/cm^2$；（b）不同泵浦波长（800nm）下，探测光为 520nm 载流子动力

学从 $4.2×10^4 mW/cm^2$ 至 $2.9×10^5 mW/cm^2$

另一个角度看，当不发生双光子吸收时，激光（800nm）不能辐照溶液中的所有
样品。因此，图 3-9（b）中的有效子带结构在这里不能直接应用。当泵浦波长
为 800nm 时，在泵浦能量约为 $10^4 mW/cm^2$ 的条件下，可以观察到 BP 纳米片的双

光子吸收现象。这个泵浦能量与实验中所用的数量级基本相同，表明在本实验中存在线性吸收和双光子吸收两种情况。有效寿命 $\tau_{\text{effective}}$ 通过测量发现包含有两个组分：τ_{TPA} 和 τ_{linear}。800nm 波长激发泵浦的超快弛豫过程，在 TPA 诱导下的结果与在 400nm 泵浦下的超快衰减过程相似，这个现象可归因于 400nm 的光子能量等于 800nm 两个光子的总能量。然而，对于线性吸收，只有那些带隙小于 1.55eV 的纳米片可以被激发。随着厚度的增加，层间相互作用增强，导致散射增强。因此，较厚的 BP 纳米片的线性吸收寿命 τ_{linear} 要比较薄的寿命 τ_{TPA} 短。预计结果表明，在 800nm 波长激光泵浦条件下所测得的寿命要比 400nm 激发条件下短得多。在不同的能量下，参与线性吸收的电子与双光子吸收电子的比例会发生变化，有效衰减时间也会相应变化。

有了这个机理的推断，我们提出了下面的假设。在相对较低的能量下，只有较厚的样品可以通过一个光子吸收被激发，这使得寿命很短。随着泵浦能量的增加，双光子吸收会变得更强，因此在更薄的样品中电子可以被激发且寿命更长。需要指出的是，在更大的能量下，饱和效应是由带隙结构决定的，而双光子吸收发生时的临界能量是由材料的非线性系数决定的。对于不同的浓度或厚度分布，双光子吸收可能在单光子吸收的饱和效应后发生。在更大的能量下，寿命应再次增加，并渐近接近 400nm 泵浦时的寿命。这是因为随着能量的增大，双光子吸收过程很好地激发了越来越多的电子，类似于 400nm 的单光子吸收。由于设备的限制，在我们的泵浦能量范围内没有观察到这个现象，需要进一步的工作来研究更大能量下的能量依赖寿命。在这里，需要指出的是，在相同泵浦能量下，520nm 下测的寿命，比 540nm 长。然而，由于不同波长测量得到的寿命差距只有 1ps，在 520nm 处得到的这个反常的相对较长的寿命，可能的产生原因是相对较大的实验误差，例如温度改变、湿度改变、激光不稳定造成的结果。所以 520nm 的真正寿命仍可能短于 540nm 时的寿命。

相比之下，如前文所述，在 520nm 泵浦波长，泵浦能量为 $8.4 \times 10^4 \text{mW/cm}^2$ 时，由于双光子吸收的作用，寿命比低浓度时延长。因此，另一个可能的原因是，由于一个波长的寿命随能量的增加先增加后缩短，在 520nm 时，有效寿命可能在 $8.4 \times 10^4 \text{mW/cm}^2$ 的峰值位置附近。

3.4　本章小结

在本章中，采用开孔 Z 扫描技术和瞬态吸收光谱对 BP 纳米片中光学非线性吸收和泵浦能量与波长依赖性的超快载流子动力学进行了研究。在 450~700nm 的宽波段上观测到强饱和吸收，饱和光强随波长的增大而增大；在 520nm 波段进行了多个能量的 Z 扫描实验，详细讨论了不同脉冲能量激励下 BP 纳米片的非线性吸收情况，发现随着激发能量的增大，出现了饱和吸收到反饱和吸收性质的转变；在不同的脉冲宽度和不同的溶剂条件下，对测得的饱和光强进行了详细讨论。

分别用波长为 400nm 和 800nm 的激光进行激发，研究了 BP 纳米片的瞬态吸收光谱，在 400nm 激发时，在大泵浦能量下观察到一个额外的衰减通道，提出了一个有效的子带结构来解释；在 800nm 处，观察到异常的通量依赖寿命，可能是由线性吸收和 TPA 之间的竞争引起的。在不同 400nm 和 800nm 波长激发时，随着波长的增大，发现衰减时间变短。结果表明，BP 纳米片为研究光学非线性提供了良好的平台，在超薄光电器件中具有很大的潜力。

4 共振效应对二硫化钨非线性吸收的影响

4.1 二维 WS$_2$ 纳米片的制备与表征

4.1.1 WS$_2$ 纳米片的制备

二硫化钨粉末为南京先丰纳米材料技术有限公司（Nanjing XFNANO）购得，然后采用超声波辅助液体剥离法在水溶液中合成了聚丙烯酸改性的 WS$_2$ 纳米片。

首先，在 50ml 烧瓶中加入 WS$_2$ 粉末（150mg）和 PAA（50mg），在烧瓶中加入了 20ml 超纯水作为溶剂。然后在超声波下搅拌 6h。然后让深绿色的分散体以 3000r/min 的速度离心 10min。最后，我们除去大量的沉淀物质，收集上清液，用水冲洗 5min，10000r/min 离心。以 1-甲基-2-吡咯烷酮（NMP）为溶剂，得到黑色沉淀物，然后将沉淀物分散在水中进行进一步的研究和应用。同样，采用不加 PAA 的方法制备了未加 PAA 改性的 WS$_2$ 纳米片。

4.1.2 结构表征

本章利用透射电镜（TEM，FEI Tecnai G200）观察了纳米薄片的表面形貌。图 4-1 为 WS$_2$ 纳米片的 TEM 图像。从图像可以看出，WS$_2$ 纳米片超薄形状以及片

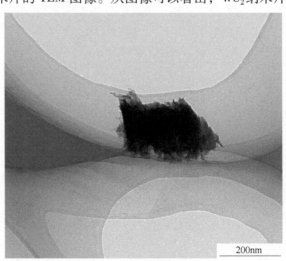

(a)

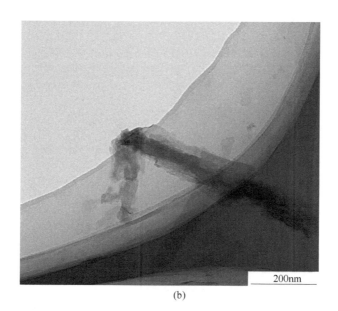

(b)

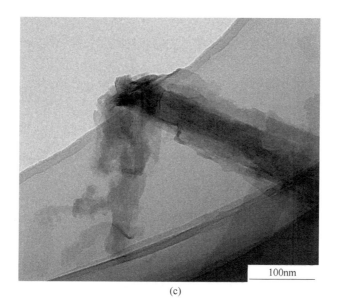

(c)

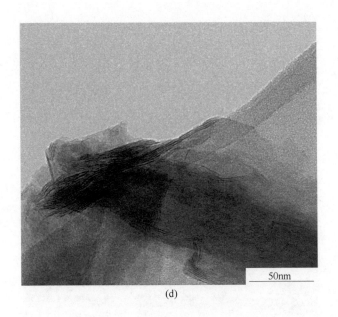

(d)

图 4-1　不同比例尺、不同位置 WS$_2$ 纳米片的 TEM 图像

（a）200nm WS$_2$ 纳米片的 TEM 图像；

（b）200nm WS$_2$ 纳米片不同位置的 TEM 图像；

（c）100nm WS$_2$ 纳米片不同位置的 TEM 图像；

（d）50nm WS$_2$ 纳米片不同位置的 TEM 图像

间的重叠情况，从图中估测，实验获得的纳米片的尺寸为 50~200nm，为 2~6 层的多层结构。

4.1.3　光学表征

利用光谱仪（海洋光学 USB 4000）测量样品的紫外-可见吸收光谱。图 4-2（a）显示了 WS$_2$ 纳米薄片的可见近红外线性吸收光谱。图中，在 500nm 和 790nm 处，可以观察到由价带能量分裂和自旋轨道耦合导致的 TMDs 的 A 和 B 激子跃迁产生的两个峰。更深入的分析指出，TMDs 随层数变化的能带结构源于硫族元素 p 轨道和过渡金属的 d 轨道杂化。另一方面，光致发光实验结果也忠实地反映了带隙结构的变化，单层材料的直接带隙结构导致了更高的发光效率。Li 等的工作表明，在激子吸收峰附近，吸收增强，且单层 WS$_2$ 的吸收率远高于体材料的吸收，与我们实验的结果吻合，说明在激子吸收峰位置，有强烈的吸收响应。

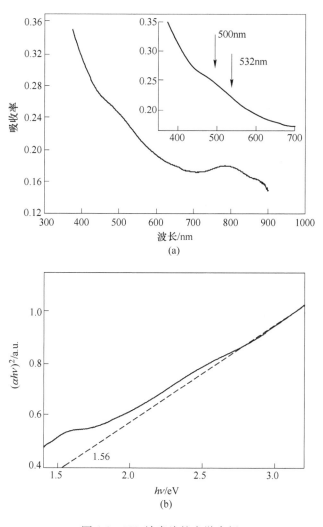

图 4-2　WS₂纳米片的光学表征

（a）WS₂纳米片的线性吸收光谱，插图为 350~700nm 的线性吸收谱；

（b）对应的 Tauc，准带隙（Eg）为 1.50~1.60eV

4.2　WS₂纳米片的宽带饱和吸收

本节采用宽带（450~700nm）开孔 Z 扫描技术系统研究了 WS₂纳米片在可见光区的非线性吸收特性。利用开孔 Z 扫描实验在 450~700nm 波长测量了 WS₂纳米片。图 4-3（a）~（c）分别给出了 450nm、475nm、500nm、550nm、600nm、625nm、650nm、675nm、700nm 在 0.36GW/cm² 的 9 个代表性结果。

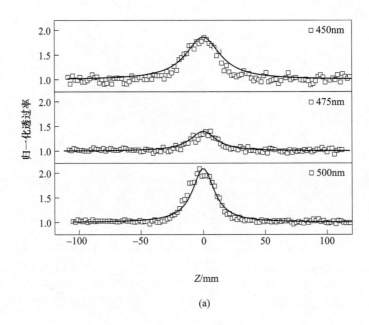

(a)

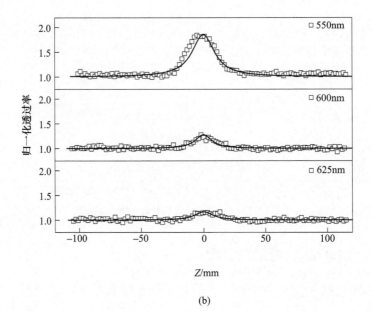

(b)

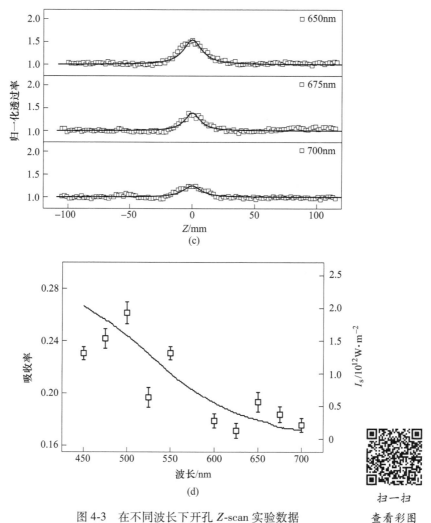

图 4-3　在不同波长下开孔 Z-scan 实验数据

（a）在不同波长 450nm、475nm、500nm 开孔 Z-scan 实验数据，入射能量为 0.36GW/cm²；

（b）在不同波长下 550nm、600nm、625nm 开孔 Z-scan 实验数据，入射能量为 0.36GW/cm²；

（c）在不同波长下 650nm、675nm、700nm 开孔 Z-scan 实验数据，入射能量为 0.36GW/cm²；

（d）WS₂饱和光强 I_s 与波长的对应关系，实线是线性吸收谱，点是饱和光强 I_s

扫一扫
查看彩图

从图 4-3（a）~（c）中可以看出，WS₂纳米片的归一化透过率随着其接近焦点（$Z=0$）而增加，这表明 WS₂纳米片具有饱和吸收的性质。透过率随输入波长非线性变化。从图中可以看出，WS₂纳米片的归一化透过率最小在 625nm 处，最大在 500nm 处，其他波长均在正常范围内，我们将其归因于共振增强的作用。在之前的报道中，当 WS₂纳米片被激光辐照加热时，水分蒸发或溶剂蒸发会在 WS₂纳米片周围产生许多微气泡。随着反饱和吸收的出现，这些微气泡会引起热诱导非线性散射，从而影响样品的非线性散射特性。在我们的案例中，样品在 6ns 和 10Hz 的低重复率激光脉冲下被激发，Z 扫描的峰值强度仅为 $0.36GW/cm^2$，弱于此前的研究。特别是 WS_2 表现出饱和吸收现象，说明热效应并不起决定性作用。在这种情况下，实验数据可以理解为：当辐照能量增加时，由于吸收光子能量，大量的 WS_2 处于激发态，导致少量样品处于基态，称为基态漂白。因此，Z 扫描测量透过的光越多，WS_2 纳米片的吸收就越低，显示饱和吸收特性。我们认为 WS_2 纳米片的饱和吸收是由单光子吸收引起的，此前的研究成果也支持了我们所得到的结论。

通过式（2-1）理论拟合，我们得到了 WS_2 纳米片的光学参数，见表 4-1，通过对数据的分析，发现在相同的激发光强下，饱和吸收峰值逐步增加，这种现象说明在不同波长情况下，饱和吸收强度逐渐变大的趋势。而对线性透过率的测量发现，线性透过率随着波长减小也呈现了逐步减小的趋势。图 4-3（d）饱和光强最大数值出现在共振吸收峰 500nm 处，这可能是由于共振吸收诱导饱和吸收增强导致。饱和光强最小数值出现在 625nm 处，在其余波长，饱和光强呈现一定的规律性，可知饱和光强与激发波长相关，因此可得出 WS_2 纳米片的非线性吸收特性与波长相关的结论。

在表 4-1 的基础上，我们还将饱和光强数据与吸收谱数据进行了对比，如图 4-3（d）所示，可以看到饱和光强与线性吸收谱走势相关，饱和光强的变化趋势与线性吸收有相关性。

表 4-1　WS_2 纳米片的光学参数

波长/nm	α_0 /cm^{-1}	$I_s /GW \cdot cm^{-2}$
450	0.0665	0.132
475	0.0683	0.153
500	0.0713	0.192
550	0.0772	0.133
600	0.0823	0.023
625	0.0843	0.012
650	0.0860	0.059
675	0.0874	0.036
700	0.0880	0.020

4.3 共振峰对非线性吸收的增强

为了进一步探索 WS$_2$ 在特有的共振峰处的非线性吸收，我们在共振峰 500nm 处进行了进一步的研究，并将相关结果与常见的 532nm 波长激发光结果进行了对比。在本书中，根据线性吸收谱可知，WS$_2$ 共振峰为 500nm。为了比较，选择了常见的 532nm 波长和 500nm 波长的激光脉冲。图 4-4（a）和（b）为在不同激发能量下 532nm 和 500nm 激光脉冲激发 WS$_2$ 的开孔 Z 扫描结果。在图 4-4（a）中，在入射脉冲能量为 0.11GW/cm^2、0.36GW/cm^2、0.52GW/cm^2 激发的情况下，当试样接近 Z 位置为零的激光束焦点时，试样的透过率明显上升，反映了饱和吸收性质。

相比之下，当入射脉冲能量为 0.64GW/cm^2 时，随着样品向焦点移动，透过率增加，表明饱和吸收；随着试样进一步向焦点移动，透过率开始下降，说明饱和吸收向反饱和吸收转变。在图 4-4（b）中可以发现，在 500nm 激光脉冲激发下，当入射脉冲能量为 0.11GW/cm^2、0.36GW/cm^2、0.52GW/cm^2 时，样品也表现出饱和吸收。当入射的最高激发脉冲能量为 0.64GW/cm^2 时，焦点处出现了向下的谷值，并逐渐变深，说明样品从饱和吸收向反饱和吸收发生了转变。可以看到在 500nm 处的信号比图 4-4（a）在 532nm 处的信号大，这是由于在吸收峰处的共振增强。共振波长为 500nm，是由价带能量分裂引起的 A$_1$ 直接激子跃迁引起的。在其他 TMDs 材料中也发现了类似现象。

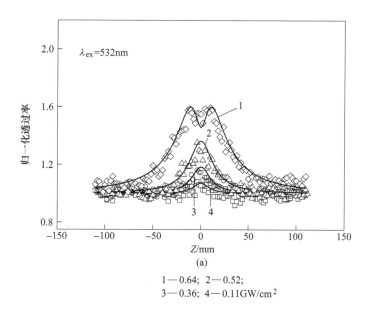

(a)

1—0.64; 2—0.52;
3—0.36; 4—0.11GW/cm^2

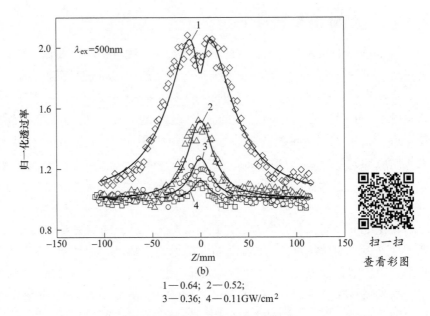

1—0.64; 2—0.52;
3—0.36; 4—0.11GW/cm²

图 4-4　在 0.11GW/cm²、0.36GW/cm²、

0.52GW/cm² 和 0.64GW/cm² 的激光能量下，两个不同波长 WS₂ 纳米片的实验数据

（a）在 0.11GW/cm²、0.36GW/cm²、0.52GW/cm² 和 0.64GW/cm² 的激光能量下，
波长 532nm 的 WS₂ 纳米片的开孔 Z 扫描实验数据；

（b）在 0.11GW/cm²、0.36GW/cm²、0.52GW/cm² 和 0.64GW/cm² 的激光能量下，
波长 500nm 的 WS₂ 纳米片的开孔 Z 扫描实验数据

　　与纳米材料 NLO 特性相关的机理源于激光脉冲能量和 TMDs 的固有特性。具体来说，在 WS₂ 中，饱和吸收性质被认为是来自基态的漂白。在低辐照度下，当材料吸收入射光脉冲时，大量的 WS₂ 纳米片被激发到激发态，使得少量的 WS₂ 留在基态，此时基态吸收较弱，这种现象被称为基态漂白，它导致了 WS₂ 纳米片中的饱和吸收。除饱和吸收外，当入射脉冲能量增加到 0.64GW/cm² 时，在聚焦点附近也出现反饱和吸收。一般来说，双光子吸收是反饱和吸收的主要原因，当物质电子受激发时，吸收单个光子跃迁到虚能级，几乎同时吸收另一个光子跃迁到更高电子能级，即吸收两个光子完成从低能级跃迁到高能级。

　　通过式（2-5）理论拟合得到饱和光强和非线性吸收系数见表 4-2。在 532nm 和 500nm 处为 3.1×10^{-2} cm/GW，1.7×10^{-2} cm/GW，可见 WS₂ 作为宽波长范围的饱和吸收材料具有很大的应用潜力。图 4-5 给出了饱和光强随脉冲能量的变化。可以看出，在 500nm 和 532nm 的激光激发下，WS₂ 纳米片的饱和光强与激发强度有关，且 500nm 共振吸收峰处，饱和光强随激发强度的增大而明显增大。此外，

饱和光强也与波长有关。532nm 激发时，饱和光强上升趋势趋缓，而在 500nm 激发时，WS$_2$纳米片表现出更大的饱和光强，这是由共振增强引起的。在WS$_2$/MoS$_2$异质结构中也发现了类似的现象。

表 4-2　WS$_2$纳米片的非线性光学参数

λ/nm	$I_0/GW \cdot cm^{-2}$	$I_s/GW \cdot cm^{-2}$	$\beta/cm \cdot GW^{-1}$
532	2.4	0.005	0
532	4.2	0.014	0
532	7.2	0.032	0
532	9	0.37	0.031
500	2.4	0.009	0
500	4.2	0.022	0
500	7.2	0.053	0
500	9	2.5	0.017

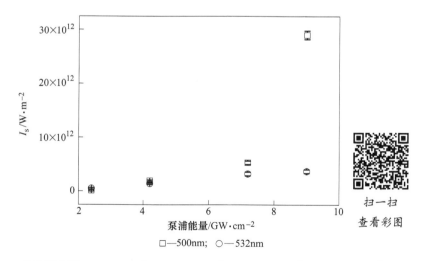

扫一扫
查看彩图

图 4-5　理论拟合了 0.11GW/cm^2、0.36GW/cm^2、0.52GW/cm^{2}和 0.64GW/cm^{2}激光能量下，两种不同波长（500nm 和 532nm）的饱和光强

4.4 Ag 纳米粒子掺杂对二维 WS₂材料非线性吸收的增强

4.4.1 WS₂/Ag 复合材料的制备与表征

除了上述的研究外，我们将银纳米粒子掺杂进 WS₂纳米片中进行了进一步探索。WS₂纳米片为之前采用超声波辅助液相剥离法得到。纳米银是用柠檬酸盐离子还原法制备的。为了制备 WS₂/Ag 复合材料，将之前制备的 WS₂纳米片充分分散在 50ml 去离子水中，将 36mg AgNO₃溶解于 200ml 去离子水中，按照质量比分别为 1∶2 比例混合，加入稳定剂以及还原保护剂，在恒定的磁搅拌下加热至沸腾。加入 4ml 柠檬酸钠溶液，煮沸约 30min，直到溶液变成棕色并发出绿色荧光。将银纳米胶体置于暗室中，冷却至室温。用扫描电子显微镜（SEM，ZEISS ULTRA 55）测定了银纳米粒子的平均粒径。采用光谱仪（海洋光学 USB 4000）测定了胶体的紫外—可见吸收光谱。如图 4-6（a）和（b）所示，分别为 Ag 纳

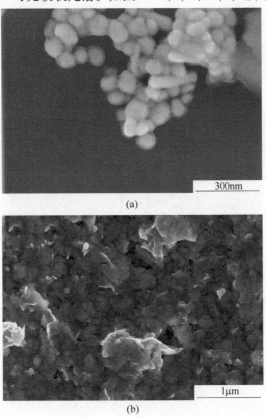

300nm

(a)

1μm

(b)

图 4-6 Ag 纳米粒子、WS₂/Ag 的形貌表征

（a）Ag 纳米粒子；（b）WS₂/Ag 的 SEM 图像

米颗粒和 WS₂/Ag 纳米复合材料的 SEM 图像。图 4-1（a）所示为纯 WS₂ 纳米片，从图中可以看到，WS₂ 纳米片的尺寸约为 400nm。图 4-6（a）所示为银纳米颗粒。从图中可以看出，银纳米粒子的分散性很好。银粒子的平均粒径为 30nm。图 4-6（b）所示为 SEM 观察到的 WS₂/Ag 样品，图像显示银纳米颗粒附着在 WS₂ 上，显示样品为 WS₂/Ag 纳米复合材料，由于催化剂的作用，银颗粒分布均匀，粒径为 50~100nm。从图 4-6（b）中可以看出，深灰色为 WS₂，也可以确认图像中的亮点代表银纳米颗粒。

WS₂/Ag 纳米片的可见近红外吸收光谱如图 4-7 所示。观察发现，在图 4-7（a）416nm 处有一个吸收峰，该峰是由于银纳米粒子吸收产生的。图 4-7（b）

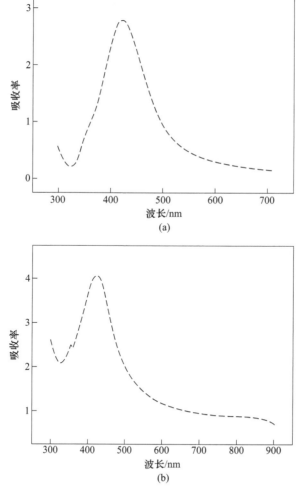

图 4-7　Ag 纳米粒子（a）和 WS₂/Ag 混合物的线性吸收谱（b）

（a）Ag 纳米粒子的线性吸收谱；（b）WS₂/Ag 混合物的线性吸收谱

所示为 WS_2/Ag 纳米复合材料，数据显示出类似的吸收光谱，从图中可以看到一个增强峰，这是由于金属半导体纳米结构中银纳米粒子表面等离激元共振（SPR）与 WS_2 的吸收带重叠造成的。目前的研究表明，在 WS_2 中存在球形 Ag 纳米颗粒，并制备了 WS_2/Ag 纳米复合材料。我们认为，对于 WS_2/Ag 纳米复合材料，球形纳米粒子的等离激元模式是相同的，这种变化是等离激元相互作用的结果。

4.4.2　WS_2/Ag 的非线性吸收及分析

应用 Z 扫描技术研究了材料非线性光学性质。本节使用调 Q Nd：YAG 激光器研究了样品在 532nm 的二次谐波辐射下的非线性光学特性。在 $0.11GW/cm^2$、$0.36GW/cm^2$ 和 $0.64GW/cm^2$ 三种不同能量下进行了开孔 Z 扫描实验。WS_2 和 WS_2/Ag 放置在 2mm 石英比色皿中，在 532nm 处具有 78% 的线性透过率。实验结果如图 4-8 所示。在实验数据中，我们可以分别看到 WS_2 和 WS_2/Ag 与入射光强相关的非线性吸收曲线，WS_2 和 WS_2/Ag 的饱和吸收响应表现出透射率的变化。当入射能量增加时，出现了可饱和吸收和反向可饱和吸收之间的竞争。在低入射能量下，如图 4-8 （a）和（b）所示，当样品靠近焦点时，发现样品的透过率增大，（$Z=0$）附近的位置是最大的入射强度。实验数据表明，在低入射能量下，样品显示饱和吸收。随着强度的持续增加，饱和状态一直持续到强度达到最大值，响应转换到反饱和吸收状态。增加入射能量会导致 WS_2 的饱和吸收强度减少和反饱和光强增加，如图 4-8（c）所示。当输入辐照度增大时，WS_2/Ag 表现出饱和吸收行为，在相同能量下，WS_2 发生转变，WS_2/Ag 仍处于饱和状态，说明 WS_2/Ag 具有较好的吸收阈值。利用贵金属诱导表面等离激元共振可以显著提高材料在脉冲激光作用下的非线性光学性能。与合成的 WS_2 纳米片相比，WS_2/Ag 纳米复合材料的 NLO 性能得到了增强。WS_2/Ag 具有良好的饱和吸收特性，同时发生了 WS_2 的转化。在其他过渡金属硫化物（TMDs）纳米片中也发现了类似行为。

对比可知，当激发波长改变时，WS_2 和 WS_2/Ag 的饱和光强几乎相同。为了解释所制备的纳米结构的非线性响应，需要研究其电子结构。WS_2 是半导体，同时银是金属导体。由于 WS_2 与 Ag 的掺杂导致电荷可以从金属向半导体转移，这种转移导致平衡态和平衡费米能级。

下面我们将分析 WS_2/Ag 复合材料可能的吸收机制。观察到的非线性吸收增量可以用 WS_2/Ag 复合材料的能带图来解释。SP_2 矩阵是一个低能带隙，SP_3 矩阵是一个大的能带隙，这个带隙会导致饱和吸收的产生，并揭示了饱和吸收的机制是低强度的价带漂白。在这种机制中，电子强度高，激光束中的电子被用于价

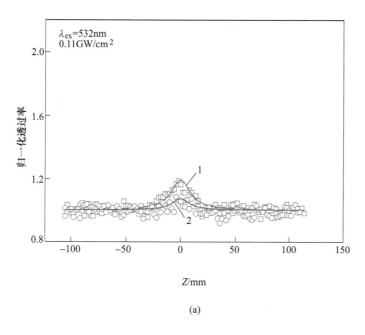

(a)

1—WS$_2$/Ag；2—WS$_2$

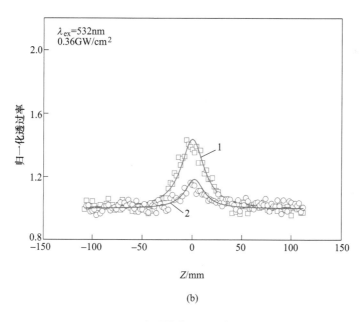

(b)

1—WS$_2$/Ag；2—WS$_2$

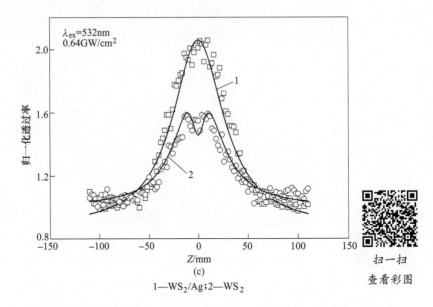

1—WS$_2$/Ag；2—WS$_2$

图 4-8 不同能量下开孔 Z 扫描的 WS$_2$ 和 WS$_2$/Ag 的归一化曲线

（a）激发光能量为 0.11GW/cm^2 下开孔 Z 扫描的 WS$_2$ 和 WS$_2$/Ag 的归一化曲线；

（b）激发光能量为 0.36GW/cm^2 下开孔 Z 扫描的 WS$_2$ 和 WS$_2$/Ag 的归一化曲线；

（c）激发光能量为 0.64GW/cm^2 下开孔 Z 扫描的 WS$_2$ 和 WS$_2$/Ag 的归一化曲线

带。由于双光子吸收机制，电子被激发到导带并成为自由载流子。在本节中，当形成 WS$_2$/Ag 纳米复合材料时，在这个过程中，由于 WS$_2$ 和银纳米粒子的掺杂，可能形成复杂的能级。在我们的实验中，银纳米粒子在 416nm 处出现了一个吸收峰。我们用 532nm 激光激发 WS$_2$/Ag 纳米复合材料，激光接近 SPR 波长，可以发生近共振跃迁。当金属能级向上延伸至导带并在较高的激光强度下促进激发态吸收时，被激发的电子可以转移到导带。此外，银导电带中光生载流子的吸收也可能导致激发态吸收，或者 WS$_2$/Ag 纳米复合材料形成过程中缺陷态的增加也可能导致激发态吸收。因此，与 WS$_2$/Ag 纳米复合材料相比，银导电带中光生载流子的吸收也可能导致饱和吸收的激发态吸收增强。

4.5 WS$_2$纳米片的载流子动力学

4.5.1 WS$_2$纳米片的可见光区瞬态吸收光谱

为了研究 WS$_2$ 纳米片的载流子动力学进行飞秒瞬态吸收实验。图 4-9（a）为不同延迟时间的瞬态吸收光谱，图 4-9（b）为常见光学波长 532nm 以及 WS$_2$ 共振吸收峰 500nm 两个波长处的归一化动力学曲线。我们发现，WS$_2$ 纳米片的光响

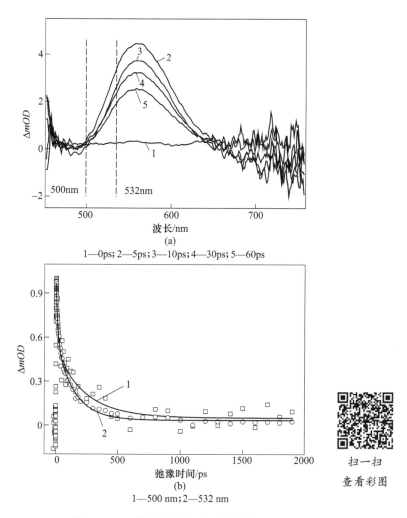

图 4-9　WS₂纳米片的载流子动力学

（a）不同延迟时间下 WS₂纳米片的态吸收光谱；

（b）分别在 532nm 和 500nm 波长下 WS₂纳米片的载流子动力学曲线

应曲线都呈现出快速上升以及随后的衰减过程。最初，光脉冲在激发光子能量时产生电子空穴对，瞬态吸收信号都显示了极快的上升，大量的 WS₂ 被泵浦到激发态，基态布居较少，导致电子吸收光子进入激发态。由于电子受激跃迁至高能级导带，相应的价带电子减少，位于基态的粒子数目锐减，此时价带继续吸收光子能量并跃迁的概率被大大降低，宏观表现为吸收量降低，因而透过率升高，此时发生基态漂白现象。随后，衰变过程包括一个快组分和一个慢组分。在小于 10ps 的超短时间内，光响应的瞬态变化是由光激发及其通过俄歇过程随之而来的非辐射衰减引起的。在其他研究者的研究中，当衰减时间超过 100ps 时，系统中也出现了有限的载流子数量，正如在时间分辨光发光实验中检测到的那样。在随后的时间尺度上，热效应将是主要效应。载流子动力学可以解释为首先的光辐射导致的光子-电子过程，之后能量通过载流子扩散到晶格，随即冷却到周围物质。此时的缓慢衰变过程是由声子—声子相互作用引起的。在 TMDs 多层结构中，光激发载流子的弛豫机制一般是无辐射的，泵浦脉冲的能量主要从载流子转移到声子系统。

对图 4-9（b）实验数据运用双 e 指数模型进行了曲线拟合，得到了弛豫时间。理论拟合与实验数据吻合较好。在波长为 500nm 时，τ_1 和 τ_2 的快衰减时间为 14ps，慢衰减时间为 145ps。而在 532nm 时，对应的快衰减时间为 16ps，慢衰减时间为 166ps。显然，在 500nm 处的衰减时间要短于 532nm 处，是由谐振效应引起的。

4.5.2　不同探测波长的载流子动力学

在此基础上给出了 WS$_2$ 在 9 种不同探测波长下的载流子动力学曲线如图 4-10 所示。应用式（2-8）对图 4-10 实验数据拟合，得到了弛豫寿命，总结在表 4-3 中，在 400~600nm 范围内，可以看到载流子弛豫寿命较短，而在 625~700nm 范围，载流子弛豫寿命出现了增大趋势，其中在 550nm 为最短寿命，而最大寿命出在 700nm 处。

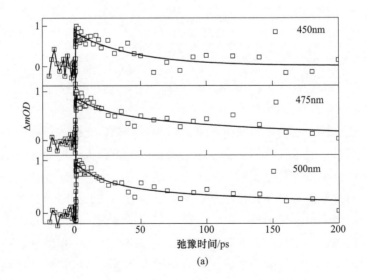

(a)

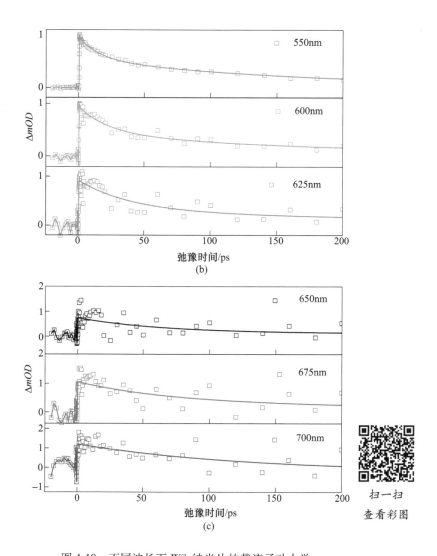

图 4-10 不同波长下 WS₂纳米片的载流子动力学

（a）450nm、475nm、500nm 波长的 WS₂纳米片的动力学曲线；

（b）550nm、600nm、625nm 的 WS₂纳米片的瞬态吸收光谱；

（c）650nm、657nm、700nm 的 WS₂纳米片的归一化动力学曲线

实验结果表明，WS₂纳米片的非线性吸收特性与波长有关。在图 4-10 中，两种弛豫时间 τ_1 和 τ_2 随探测波长的增加而缩短。这一结果可能是由于处于较低能量态的电子更有可能被探测到，因为它们比处于较高能量态的电子衰减得更慢。在石墨烯中也观察到类似的现象。

表 4-3　不同波长激光激发下 WS_2 纳米片衰减过程的拟合结果

波长/nm	τ_1/ps	τ_2/ps
450	45.4	168.0
475	21.1	158.0
500	21.9	212.1
550	15.1	150.4
600	20.2	130.8
625	39.4	170.0
650	61.8	175.1
675	72.9	181.9
700	80.1	123.6

4.5.3　WS_2 和 WS_2/Ag 的瞬态吸收光谱及机理分析

图 4-11 （a）和（b）显示了激发波长为 400nm，脉宽 190fs 激光泵浦 WS_2 和 WS_2/Ag 的飞秒瞬态吸收光谱全部信息。图 4-11 （c）和（d）是不同延迟时间（0ps、5ps、20ps、50ps、100ps）下具有代表性的瞬态吸收光谱。延迟时间为 0ps 的信号为未激发 WS_2 纳米薄片时获得的参考信号。WS_2 的激子漂白峰出现在 560nm 附近，对应光诱导吸收信号和基态漂白。两种信号均随延迟时间迅速减小。

图 4-12 为 500nm 处 WS_2 和 WS_2/Ag 的载流子动力学曲线，发现两条曲线均表现出类似的弛豫过程，包含有快衰减以及慢衰减。快速衰减过程是由于系统的基态漂白，也被称为电子—电子散射（几百飞秒的时间尺度）。前者是激发态电子与纳米粒子晶格通过电子—声子相互作用的平衡结果。后者（随后较慢的衰减）归因于声子与周围物质的相互作用。动力学曲线显示，在 560nm 处的漂白信号在 20ps 内衰减 22%，随着延迟时间的增加，信号衰减缓慢，同时我们在 Z 扫描实验中也观察到了饱和吸收现象。通过拟合得到快衰减时间和慢衰减时间。其中，WS_2 弛豫时间的快衰减组分为 21ps，慢组分为 212ps，WS_2/Ag 分别为 34ps 和 251ps。

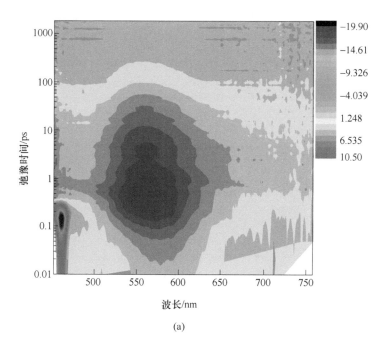

(a)

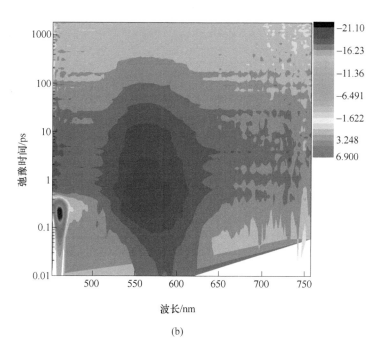

(b)

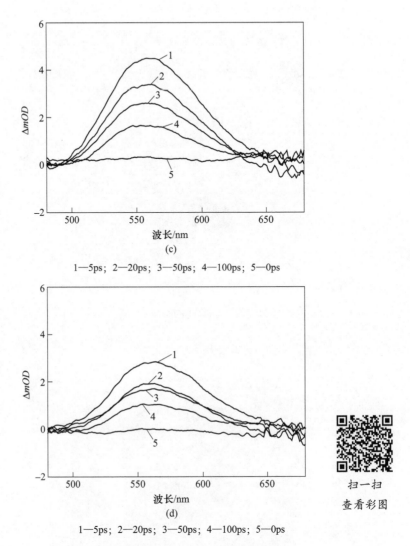

1—5ps；2—20ps；3—50ps；4—100ps；5—0ps

(d)

1—5ps；2—20ps；3—50ps；4—100ps；5—0ps

扫一扫
查看彩图

图 4-11　WS$_2$ 和 WS$_2$/Ag 的瞬态吸收数据

（a）WS$_2$ 的瞬态吸收数据；（b）WS$_2$/Ag 的瞬态吸收数据；

（c）WS$_2$ 不同延迟时间的光密度变化谱；（d）WS$_2$/Ag 不同延迟时间的光密度变化谱

值得注意的是，在本书中，声子—声子耦合过程比在银纳米粒子中报道的要短，我们认为这是由于纳米银粒子掺杂导致。由于 Ag 具有较大的态密度，在价带的漂白作用消失之前，导带的激发态电子会转移到 Ag 原子的 d 带。这一过程将延长复合材料中激发态电子的寿命，使其具有更强的 RSA 响应。此外，Ag 原子 d 带的电子进一步转移到官能团的激发态，官能团吸收入射光跃迁到更高的能级，导致 RSA 性能增强。当修饰银纳米粒子时，Ti$_3$C$_2$ 的 CB 激发的载体可以转移到金属的 sp 带，然后回到 Ti_3C_2/Ag 的价带。与纯 Ti_3C_2 纳米片的直接弛豫相比，这一过程将在更长的时间尺度内发生，在石墨烯中也发现了类似的现象。

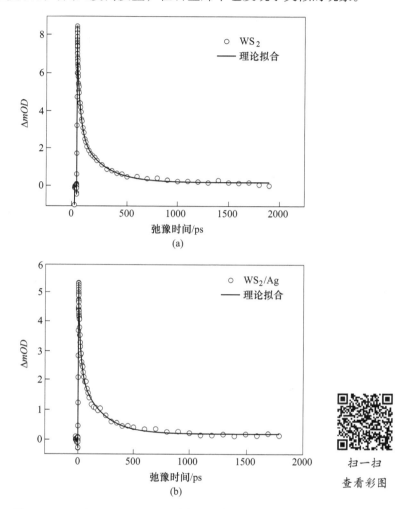

图 4-12　WS_2 和 WS_2/Ag 500nm 波长处的载流子动力学曲线

（a）WS_2 500nm 波长处的载流子动力学曲线；（b）WS_2/Ag 500nm 波长处的载流子动力学曲线

4.6　本章小结

为了研究二维二硫化钨材料的非线性吸收性质，制备了 WS_2 纳米片，利用宽带（450～700nm）纳秒 Z 扫描测试装置，系统地研究了其在可见光区的非线性吸收特性。实验观察到饱和吸收效应以及与入射波长相关的非线性特性，发现饱和光强与波长有对应关系，提出了基于基态漂白的物理机制，并计算了线性吸收系数，饱和光强等相关参数。在 500nm 波长吸收峰处利用 Z 扫描技术研究了不同入射能量的非线性吸收特性，并与常见的 532nm 波长激光激发做对比。研究发现，随着入射能量的增加，非线性吸收出现了从饱和吸收到反饱和吸收的转化过程，解释了其中基态漂白转化为双光子吸收的物理机制，并拟合得到了饱和光强和非线性吸收系数。

　　为了研究材料的载流子动力学，利用飞秒瞬态吸收光谱研究了 400nm 波长激发时可见光波段的载流子动力学，发现能量弛豫过程涉及两种衰变时间尺度，应用双 e 指数的能量弛豫模型拟合，解释了能量转移的物理机制，通过理论拟合得到了载流子弛豫过程中快弛豫与慢弛豫组分的寿命参数。

5 Ti₃C₂ 纳米片的宽带反饱和吸收

5.1 样品的制备与表征

5.1.1 二维 Ti₃C₂ 纳米片的制备

本书中使用的 Mxene 是 Ti₃C₂。制备方式是以 MAX 相 Ti₃AlC₂ 作为前驱体，选择性刻蚀掉其中的 Al 元素的方法合成的。首先制备了高选择性刻蚀剂氢氟酸（HF），通过盐酸（HCl）与氟化锂（LiF）发生原位反应的方式制备而成。随后是刻蚀过程，在 45℃下用氢氟酸蚀刻前驱体 24h 制备了 Ti₃C₂ 纳米片。将 3ml 的原始 Ti₃C₂ 纳米片胶体溶液（1mg/ml）重新分散在 30ml 的去离子水溶液中，超声处理 30min。得到的材料胶体溶液 12000r/min 离心 20min，再分散在 30ml 去离子水中。

5.1.2 结构与元素分析

如图 5-1（a）和（b）所示，给出了多层和单层 Ti₃C₂ 纳米片的表征。通过扫描电镜（SEM, ZEISS ULTRA 55）观察了多层和单层形态的微观结构。图 5-1（a）扫描电子显微镜照片中展现了横向尺寸为 0.4μm 的多层纳米片。在图 5-1（b）中，观察到了尺寸为 1μm 的单层 Ti₃C₂ 纳米片，并分析了能谱如图 5-1（c）所示。在本书中，大量的薄片为多层结构，并且分散均匀。一个类似风琴的结构显示了成功合成的多层 Ti₃C₂ 纳米片。用 X 射线衍射仪（XRD, Seifert-FPM）研究了蚀刻前后的相变。观察到的结构与图 5-1（d）中 X 射线衍射（XRD）结果的峰位一致。MAX 相 Ti₃AlC₂，单层 Ti₃C₂ 和多层 Ti₃C₂ 纳米片的 XRD 测量结果如图 5-1（d）所示。所有与 Ti₃AlC₂ MAX 前驱体相关的图案峰在 HF 蚀刻处理后消失。XRD 谱与文献记录的基本一致。相比之下，前驱体的 XRD 衍射图谱中可以看到低强度的峰。在 X 射线衍射图中可以观察到腐蚀后的弱峰，这是由 Ti 和 C 存在于起始材料中引起的。另外，从图 5-1（d）可以看出单层和多层 Ti₃C₂ 的（002）衍射峰相对于 Ti₃AlC₂ 的角度发生了较大的偏移，反映了层间距离的扩展。这是由于前驱体 Ti₃AlC₂ 上的 Al 层被移除，并随后连接了末端基团 T。透射电子显微镜（TEM, FEI Tecnai G200）提供单层结构，通过 STEM-EDX 映射获得元素分布，并对

Ti$_3$C$_2$ 原始图像进行快速傅里叶变换（FFT）。单层 Ti$_3$C$_2$ 纳米片的透射电镜（TEM）图像如图 5-1（e）所示，结果反映了 Ti$_3$C$_2$ 的单原子层特征。高分辨率透射电子显微镜（HRTEM）图案和图 5-1（f）上的点清楚地显示了单层 Ti$_3$C$_2$ 纳米片的晶体晶格，具有六角形结构。在这种情况下，预测的原子间距离为 ~0.203Å。后者在 0.4nm 时可以看得更清楚，这清楚地显示了 Ti 原子的单独位置。

(a)

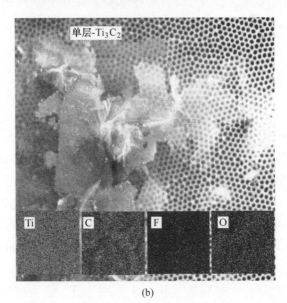

(b)

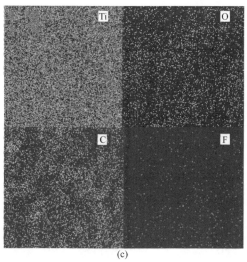

(c)

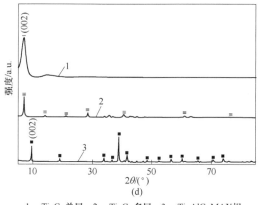

(d)

1—Ti$_3$C$_2$单层；2—Ti$_3$C$_2$多层；3—Ti$_3$AlC$_2$MAX相

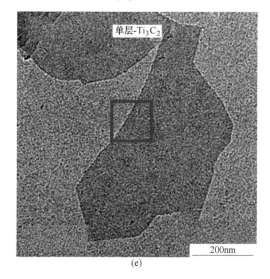

(e)

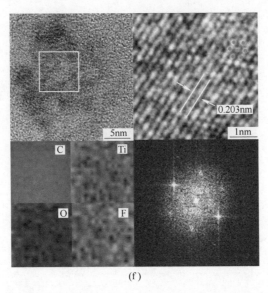

图 5-1　多层和单层 Ti₃C₂ 纳米片的形貌及性质表征

（a）多层 Ti₃C₂ 纳米片扫描电镜图；（b）单层 Ti₃C₂ 纳米片扫描电镜图和能谱；

（c）单层 Ti₃C₂ 纳米片扫描电镜图能谱；（d）X 射线衍射，Ti₃AlC₂、

单层 Ti₃C₂ 和多层 Ti₃C₂ 纳米片；（e）单层 Ti₃C₂ 高分辨率透射电镜图像；

（f）单层 Ti₃C₂ 高分辨率透射电镜图像原子结构示意图，STEM-EDX，快速傅里叶变换图

对图 5-1（f）所示的原始图像模式进行快速傅里叶变换，揭示了这种六边形对称结构。进一步确定获得 Ti₃C₂ 的组成，X 射线能谱（EDX）分析显示 Ti、C、F 和 O 元素的存在，这印证了 Ti₃C₂ 纳米片元素组成。值得注意的是，在两种测试手段 EDX 和 XRD 中，除了固有的 Ti-C 键外，O 都有被发现，因此 Ti₃C₂ 纳米片表面终止主要是氧。在室温条件下，用紫外可见光谱仪（Ocean Optics 4000）研究了 Ti₃C₂ 纳米片在水溶液中的线性吸光度。如图 5-2（a）所示，在 225nm 和 375nm 处分别观察到两个吸收峰，这是因为在合成过程中，MXene 前驱体三元过渡金属碳化物（即 MAX 相）蚀刻出 A 元素后，MXene 被功能化成不同的基团。从图 5-2（a）可以看出，在 225~375nm 的紫外区域有较高的吸收峰出现，这一结果可以归因于氧化 MXene 的能带情况，这个研究结论在理论计算预测的中也得到了相应的预言。

5.1.3　样品的光谱表征

紫外可见吸收谱符合典型的 Ti₃C₂ 纳米片的测试结果，如图 5-2（a）所示。插图可以看到光学图像，在 800nm 附近有一个吸收峰，利用 Kubelka-Munk 公式对所制备的黑磷纳米带隙进行的近似求解。图 5-2（b）为估算的带隙值 1.50~2.00eV。

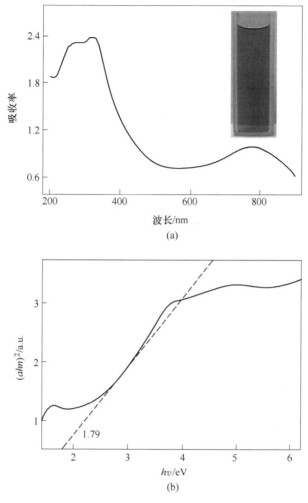

图 5-2　Ti$_3$C$_2$ 纳米片的光学表征

(a) Ti$_3$C$_2$ 纳米片的线性吸收光谱，插图为 Ti$_3$C$_2$ 纳米片水溶液的照片；

(b) 对应的 Tauc，准带隙 (Eg) 为 1.50~2.00eV

5.2　Ti$_3$C$_2$ 纳米片可见光区的反饱和吸收

5.2.1　变激发波长的反饱和吸收特性

为了解 Ti$_3$C$_2$ 纳米片的非线性吸收特性，采用宽带 Z 扫描技术研究了材料在可见光区域的非线性吸收特性。图 5-3 (a)~(f) 所示为 Ti$_3$C$_2$ 开孔 Z 扫描测量结果，分别是在 475nm、500nm、550nm、600nm、650nm 和 700nm 六个激光波长下得到的。在图 5-3 (a) 中，当入射脉冲激光能量为 0.01GW/cm^2 时，样品的归一化透射率没有变化，没有观察到实验信号。当脉冲激光能量增加到 0.06GW/cm² 时，Ti₃C₂ 纳米片样品由远端向焦点处移动时，在距离焦点较远位置，激光入射强度较小，样品以线性吸收为主，实验曲线趋于平缓。透射率随着能量的增加而降低。当样品接近焦点（$Z=0$）时，入射样品的高斯光束光斑直径变小，能量密度相应增大，观察到一个较浅的谷，表明发生了反饱和吸收（RSA）。当能量增加到 0.11GW/cm² 时，可以看到谷变的更深，说明反饱和吸收现象增强了，此时样品的非线性吸收变得更大，表现为实验数据曲线开口呈现更大的向下的谷值。图 5-3（a）的实验证明，在能量较低的情况下，反饱和吸收现象并不明显，因此我们增加入射能量进行后续实验。在图 5-3（b）和（c）中，我们使用了 0.11GW/cm²、

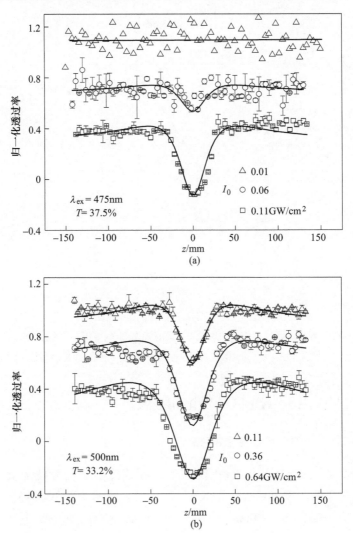

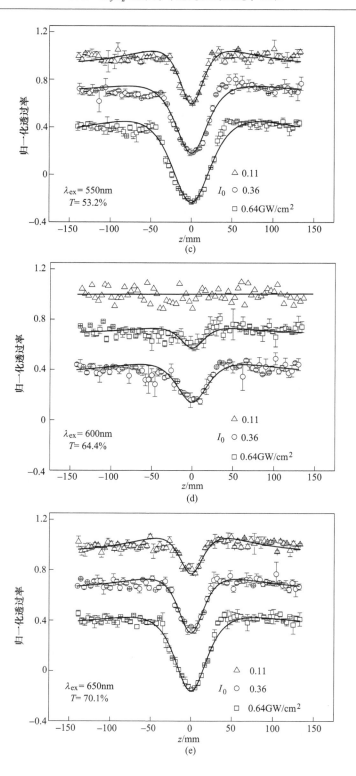

(c)

(d)

(e)

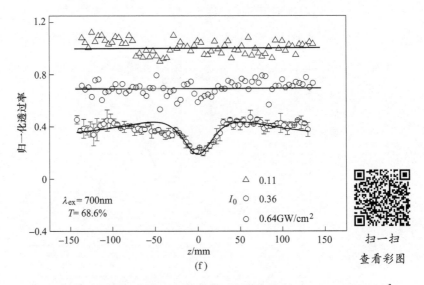

图 5-3　（a）Ti_3C_2 纳米片 475nm 开孔 Z 扫描数据，激发能量为 $0.01\sim0.64GW/cm^2$；

（b）Ti_3C_2 纳米片可见光区 500nm 开孔 Z 扫描数据，实线为拟合曲线，

激发能量为 $0.01\sim0.64GW/cm^2$；

（c）Ti_3C_2 纳米片可见光区 550nm 开孔 Z 扫描归一化透过率曲线，实线为拟合曲线，

激发能量为 $0.01\sim0.64GW/cm^2$；（d）Ti_3C_2 纳米片可见光区 600nm 开孔 Z 扫描

归一化透过率曲线，实线为拟合曲线，激发能量为 $0.01\sim0.64GW/cm^2$；

（e）Ti_3C_2 纳米片可见光区 650nm 开孔 Z 扫描归一化透过率曲线，

实线为拟合曲线，激发能量为 $0.01\sim0.64GW/cm^2$；（f）Ti_3C_2 纳米片可见光区 700nm

开孔 Z 扫描归一化透过率曲线，实线为拟合曲线，激发能量为 $0.01\sim0.64GW/cm^2$

$0.36GW/cm^2$ 和 $0.64GW/cm^2$ 的入射能量进行实验。有趣的是，在低输入能量下，在图 5-3（d）和图 5-3（f）没有观察到可检测的信号。在图 5-3 中，归一化透射率的最深处是 550nm，$0.64GW/cm^2$ 的情况下，这意味着 Ti_3C_2 的非线性吸收与波长有关。当我们仔细观察实验结果时，可以发现在线性吸收位置，实验曲线两边都不是平坦的，这意味着发生了从饱和吸收到反饱和吸收的转换。

一般来说，热诱导非线性散射（NLS）、激发态吸收（ESA）和双光子吸收（TPA）是导致反饱和吸收性质的主要原因。在之前的报道中，当纳米片被激光照射加热时，水分蒸发和溶剂蒸发会在纳米片周围产生许多微气泡。随着反饱和吸收的出现，这些微气泡会引起热诱导非线性散射，从而影响样品的非线性散射特性。在本实验中，为了避免热效应对实验产生影响，选取了 6ns 和 8Hz 的低重复率激光脉冲激励，此时热效应可以迅速消散，热诱导非线性散射效应并不是主要作用。

　　根据实验数据反映出的反饱和吸收过程，相关机理可以做出如下讨论。当被激发光激发时，大量的 Ti$_3$C$_2$ 吸收光子能量跃迁到更高能级，从价带（VB）跃迁到导带（CB），随着更多在导带电子继续被激光激发，则继续吸收能量向更高能级跃迁，激发态吸收（ESA）发生。此外，因为激发波长远离共振波长，一部分样品可以同时吸收两个光子跃迁到导带更高能级上，这个过程被称为双光子吸收。在先前的理论研究中，据报道，在可见光和近红外波长中，非线性吸收主要来源于电子的带间和带内跃迁。而在较长的波长中，等离激元共振过程有助于增加散射截面，进而增大了对光子能量的吸收，展现了反饱和吸收特性。

　　通过式（2-5）理论拟合，得到相关非线性吸收参数见表 5-1，通过理论拟合得到 475~700nm 波长区间的饱和光强和非线性吸收系数。通过表中的数据对比可知，在 550nm，0.64GW/cm^2 处饱和吸收系数最大，与实验结果吻合。

表 5-1　Ti$_3$C$_2$ 纳米片的非线性吸收参数

$\lambda/$nm	$I_0/$GW $\cdot$ cm^{-2}	$\beta/$cm $\cdot$ mW^{-1}	$I_{m\chi}/$esu
475	0.10×10^{-2}	—	
475	0.30×10^{-2}	$(0.31\pm0.04)\times10^{-9}$	0.53×10^{-10}
475	0.50×10^{-2}	$(1.80\pm0.11)\times10^{-9}$	3.05×10^{-10}
550	0.74×10^{-2}	$(0.91\pm0.06)\times10^{-9}$	1.78×10^{-10}
550	1.10×10^{-2}	$(1.12\pm0.09)\times10^{-9}$	2.22×10^{-10}
550	1.40×10^{-2}	$(1.81\pm0.12)\times10^{-9}$	3.54×10^{-10}
650	0.74×10^{-2}	$(0.84\pm0.06)\times10^{-9}$	1.95×10^{-10}
650	1.10×10^{-2}	$(0.91\pm0.07)\times10^{-9}$	2.11×10^{-10}
650	1.40×10^{-2}	$(1.65\pm0.10)\times10^{-9}$	3.83×10^{-10}
500	0.74×10^{-2}	$(1.03\pm0.08)\times10^{9}$	1.84×10^{-10}
500	1.10×10^{-2}	$(1.32\pm0.10)\times10^{9}$	2.36×10^{-10}
500	1.40×10^{-2}	$(1.93\pm0.13)\times10^{9}$	3.45×10^{-10}

λ/nm	$I_0/\mathrm{GW \cdot cm^{-2}}$	$\beta/\mathrm{cm \cdot mW^{-1}}$	$I_{\mathrm{m}\chi}/\mathrm{esu}$
600	0.74×10^{-2}	—	
600	1.10×10^{-2}	$(0.41 \pm 0.05) \times 10^9$	0.88×10^{-10}
600	1.40×10^{-2}	$(0.78 \pm 0.06) \times 10^9$	1.67×10^{-10}
700	0.74×10^{-2}	—	
700	1.10×10^{-2}	—	
700	1.40×10^{-2}	$(0.45 \pm 0.04) \times 10^9$	1.12×10^{-10}

5.2.2 非线性吸收的理论分析

为了分析非线性吸收的物理过程，进行了数据处理，如图 5-4（a）所示，线性吸收曲线表明，单光子吸收效应仅在入射波长小于 400nm 时发生。光物理过程如图 5-4（b）所示。当激发光辐照样品时，Ti$_3$C$_2$ 基态电子随着泵浦过程大量跃迁到激发态，留在基态的电子数目大量减少，导致吸收后续激发光子数量锐减，实验中我们发现此时透过率升高，表明吸收下降，这被称为基态漂白机制，导致了饱和吸收现象的发生。

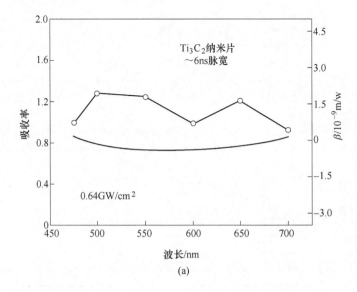

(a)

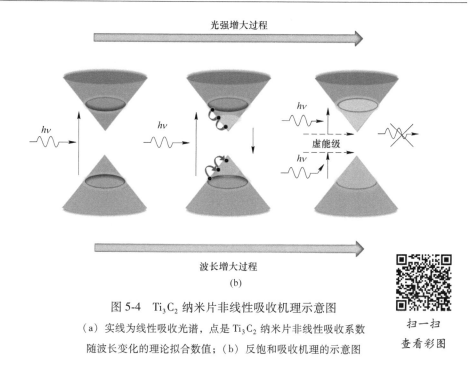

图 5-4 Ti$_3$C$_2$ 纳米片非线性吸收机理示意图

（a）实线为线性吸收光谱，点是 Ti$_3$C$_2$ 纳米片非线性吸收系数
随波长变化的理论拟合数值；（b）反饱和吸收机理的示意图

扫一扫
查看彩图

但当激光能量进一步增加时，价带电子吸收两个光子跃迁到导带，即发生双光子吸收，使样品出现反饱和吸收现象。其非线性光学特性来源于从供体到受体的光诱导电子/能量转移机制的有效结合。Ti$_3$C$_2$ 纳米片具有宽带反饱和吸收特性，这意味着它可以应用于整个可见光区域制备光限幅器件。

5.3 Ti$_3$C$_2$ 纳米片的瞬态吸收光谱及机理分析

5.3.1 飞秒白光瞬态吸收光谱

为了研究 Ti$_3$C$_2$ 纳米片非线性光学性质的响应时间，通过飞秒时间分辨瞬态吸收光谱研究了其载流子动力学。在图 5-5（a）中，Ti$_3$C$_2$ 纳米片的瞬态吸收光谱包含时间和光谱解析的信号。在泵浦能量恒定（6.4×10^3 mW/cm^2）的条件下，获得了波长范围在 450~600nm 的白光瞬态吸收光谱信号。水平切割此图可以得到 5 个不同延迟时间（0ps、10ps、15ps、30ps、50ps）的瞬态吸收光谱，如图 5-5（b）所示，激发态吸收（ESA）发生在整个光谱范围，以及超快的载流子弛豫过程在皮秒的时间尺度。随着延迟时间的增加，Ti$_3$C$_2$ 纳米片瞬态吸收光谱曲线的振幅明显降低并回落至初始时间状态。当 Ti$_3$C$_2$ 纳米片未被激发时，0ps 延迟时间曲线为参考信号。Ti$_3$C$_2$ 的峰值出现在 495nm 波长处，这是由已占态和未占态之间的跃迁引起的光诱导吸收。这种现象在 Z 扫描实验中被观察到为 RSA。显然，在~50ps 时，我们可以看到瞬态吸收信号在全波段内弛豫至零处。在瞬态吸收光谱测量中，泵浦光为 400nm（~3.10eV）激光，其能量远高于 Ti₃C₂ 纳米片的带隙（~2.04eV）。因此，在激发入射激光脉冲后，电子被激发。光激发电子通过弗兰克-康登跃迁在数十飞秒的时间尺度内跃迁到导带，空穴停留在价带。然后，利用费米-狄拉克分布将光子迅速转化为激发载流子。随后，激发电子通过电子—电子和电子—声子在导带上的散射，以快速的弛豫过程冷却下来。最终，导电带上的热电子通过不同的能量弛豫过程，通过载流子—声子散射回到价带并与空穴重新结合。

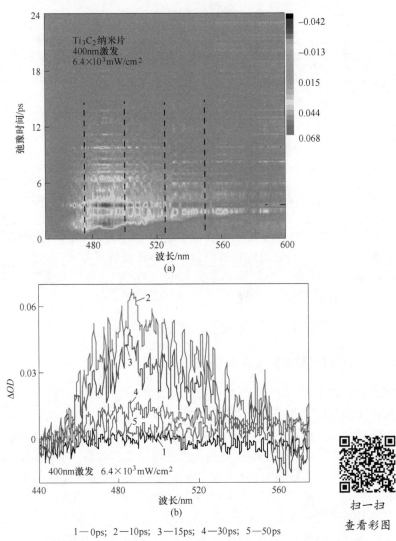

图 5-5　400nm 激光激发下 Ti₃C₂ 纳米片泵浦能量 $6.4\times10^3\,\mathrm{mW/cm^2}$ 的瞬态吸收数据

（a）400nm 激光激发下 Ti₃C₂ 纳米片泵浦能量 $6.4\times10^3\,\mathrm{mW/cm^2}$ 的瞬态吸收光谱；

（b）400nm 激发下 Ti₃C₂ 纳米片瞬态吸收光谱数据

1—0ps；2—10ps；3—15ps；4—30ps；5—50ps

扫一扫
查看彩图

5.3.2 超快载流子动力学

图 5-6（a）为 Ti$_3$C$_2$ 纳米片在不同探测波长（475nm、500nm、525nm 和 550nm）时的载流子动力学曲线，图 5-6（b）所示为三种不同泵浦能量（5.1×10^{3}mW/cm^2、6.4×10^{3}mW/cm^2 和 8.1×10^{3}mW/cm^2）下的实验结果。

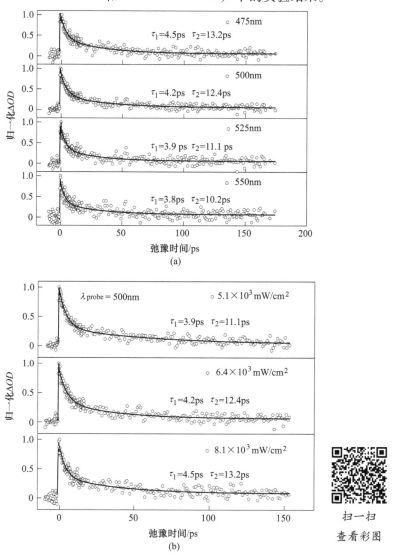

图 5-6　Ti$_3$C$_2$ 纳米片在不同探测波长和泵浦能量下的载流子动力学

（a）Ti$_3$C$_2$ 纳米片在不同探测波长 475nm、500nm、525nm 和 550nm 时的载流子动力学曲线，泵浦能量固定在 6.4×10^{3}mW/cm^2；（b）当探测波长固定在 500nm 时，在不同泵浦能量下 5.1×10^{3}mW/cm^2、6.4×10^{3}mW/cm^2 和 8.1×10^3 mW/cm^2 的载流子动力学曲线

应用式（2-8）进行理论拟合，得到了相应的参数。随着泵浦能量的增加，快衰减分量 τ_1 的观测寿命从 3.9ps 增加到 4.5ps，慢衰减分量 τ_2 的观测寿命从 11.1ps 增加到 13.2ps。一般来说，二维材料中较快的衰变组分是由于电子—声子散射引起的，较慢的衰变部分是由于声子—声子散射引起的。载流子—声子相互作用是载流子能量传递过程中的一个基本过程。载流子相互作用效率的提高导致冷却过程的增加。换句话说，高能量注入加速了载流子的弛豫过程。在量子点和 2D 纳米片中也发现了类似的结果。

5.4　Ti$_3$C$_2$/Ag 纳米片的能量转移和光物理过程

5.4.1　Ti$_3$C$_2$/Ag 纳米片的制备与表征

5.4.1.1　复合纳米片的制备

本节所使用的 Ti$_3$C$_2$ 合成细节可以在之前的合成部分找到。之后使用一步还原法，将得到的 Ti$_3$C$_2$ 纳米片分散液与 AgNO$_3$ 溶液混合制备出 Ti$_3$C$_2$/Ag 混合液，如图 5-7 所示。将 3ml 原始的 Ti$_3$C$_2$ 纳米片胶体溶液（1mg/ml）分散到 30mL 的 AgNO$_3$ 溶液（1mg/ml）中，然后超声处理 30min，得到的 Ti$_3$C$_2$/Ag 混合溶液在 12000r/min 下离心 20min，再分散到 30ml 去离子水中。

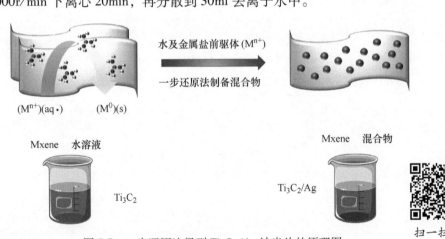

图 5-7　一步还原法得到 Ti$_3$C$_2$/Ag 纳米片的原理图

扫一扫
查看彩图

5.4.1.2　复合纳米片的结构及光学表征

Ti$_3$C$_2$/Ag 和 Ti$_3$C$_2$ 纳米片的形貌结构如图 5-8 所示。

图 5-8（a）(b) 分别为 Ti$_3$C$_2$ 纳米片 TEM 图像和 HRTEM 以及图像 EDX 分析。可以观察到约为 1μm 单层 Ti$_3$C$_2$ 纳米片以及 Ti、C 和 O 元素。通过分析可知

除了固有 Ti-C 键以外，材料的表面终止以 O 元素为主。用硝酸银和 Ti$_3$C$_2$ 溶液的混合物合成 Ti$_3$C$_2$/Ag 而不是纯粹的银纳米粒子，我们实现了原位银纳米粒子掺杂的 Ti$_3$C$_2$ 结构，大量的银纳米粒子均匀地分布在 Ti$_3$C$_2$ 纳米片上，如图 5-8（c）所示。同时，TEM 图分别显示了 Ti$_3$C$_2$ 层状结构的截面和 Ti$_3$C$_2$ 薄片上 Ag 的分布，如图 5-8（d）(e) 所示。结果表明，银纳米粒子（明亮的粒子）均匀地修饰在 Ti$_3$C$_2$ 表面。为了进一步确定得到的 Ti$_3$C$_2$/Ag 的混合情况，EDX 分析显示存在 Ti、C、O 和 Ag 元素，如图 5-8（f）所示。我们可以得出结论，表征的结果表明掺杂 Ag 均匀分布在整个 Ti$_3$C$_2$ 结构中。

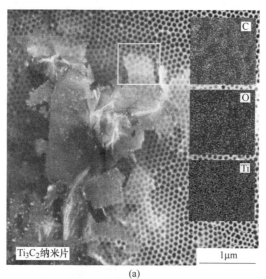

(a)

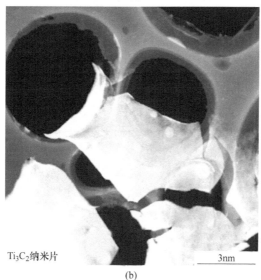

(b)

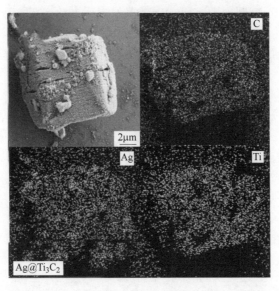

(c)

(d)

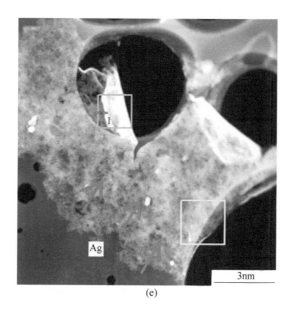

(e)

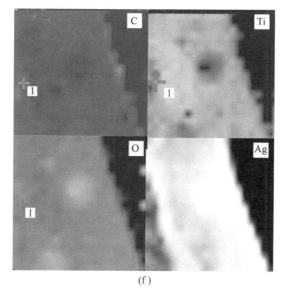

(f)

扫一扫
查看彩图

图 5-8　Ti₃C₂ 和 Ti₃C₂/Ag 的形貌表征及分析

（a）Ti₃C₂ 的 TEM 和 EDS 图像；（b）Ti₃C₂ 放大的 TEM 图像；（c）Ti₃C₂/Ag 的 TEM 和 EDS 图像；

（d）Ti₃C₂/Ag 的 TEM 图像；（e）Ti₃C₂/Ag 的 TEM 图像；（f）Ti₃C₂/Ag 的 STEM-EDX 图像

图 5-9（a）用 XRD 分析了杂化过程的相变过程。Ag 衍射和 Ti₃C₂ 的两个衍射峰相对于样品的角度有很大的偏移，反映了层间距离的扩展。在图 5-9（b）中，Ti₃C₂/Ag 在 436nm 处有一个吸收峰，这是由于存在 Ag 纳米颗粒形成的。如

图 5-9（b）所示，在 225~375nm 的紫外区域有较高的吸收，分别观察到两个吸收峰，可归因于不同基团的官能团，符合预期的结果。从图 5-9（b）中可以得出结论，这两个峰的结果可以归因于氧化 MXene 的能带能量，这也是理论计算预测的。

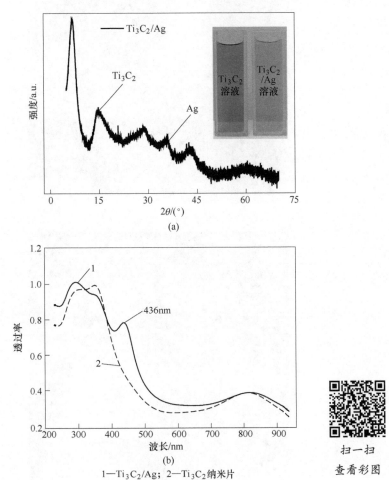

图 5-9　Ti₃C₂/Ag 的结构与光学表征

（a）Ti₃C₂/Ag 的 XRD 图谱；（b）Ti₃C₂/Ag 和 Ti₃C₂ 纳米片的线性吸收光谱

5.4.2　Ti₃C₂/Ag 纳米片的能量转移及机理

针对制备的 Ti₃C₂/Ag 混合液，我们采用瞬态吸收测量方法研究并对比了 Ti₃C₂/Ag 和 Ti₃C₂ 纳米片的载流子动力学。实验在激发波长为 400nm，泵浦能量为 $6.4×10^3mW/cm^2$ 的恒定泵浦条件下得到了瞬态吸收光谱。在图 5-10（a）和（c）

中，多探测波长（450~600nm）的瞬态吸收光谱是通过包含时间分辨和光谱的瞬态吸收信号的二维映射中得到的。图 5-10（a）比图 5-10（c）亮的区域非常明显，表明 Ti₃C₂ 纳米片中的 Ag 纳米颗粒增强了探测信号。在图 5-10（b）和（d）中，对瞬态吸收光谱进行了水平切割，以表示不同延迟时间的吸收光谱。在图 5-10（b）中，Ti₃C₂/Ag 的正吸收表明整个光谱区发生了激发态吸收（ESA），随着延迟时间的增加，瞬态吸收谱幅值明显减小，这可能与载流子的弛豫过程有关。当

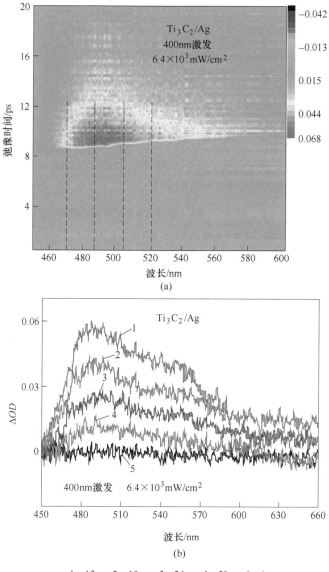

1—13ps；2—18ps；3—24ps；4—50ps；5—0ps

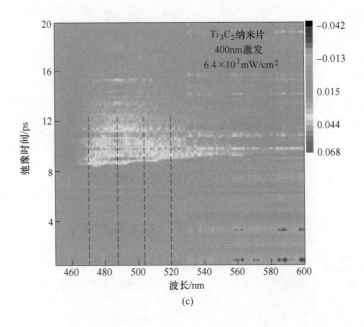

(c)

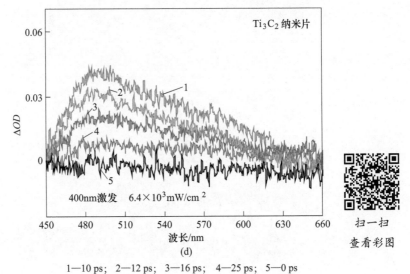

(d)

1—10 ps; 2—12 ps; 3—16 ps; 4—25 ps; 5—0 ps

图 5-10 Ti₃C₂/Ag 和 Ti₃C₂ 纳米片的瞬态吸收光谱实验数据

（a）Ti₃C₂ 纳米片的瞬态吸收光谱二维（2D）映射图，泵浦波长为 400nm，能量为 6.4×10³mW/cm²；

（b）不同延迟时间 Ti₃C₂/Ag 纳米片的瞬态吸收光谱；

（c）Ti₃C₂ 纳米片的瞬态吸收光谱二维（2D）映射图，泵浦波长为 400nm，能量为 6.4×10³mW/cm²；

（d）不同延迟时间 Ti₃C₂/Ag 和 Ti₃C₂ 纳米片的瞬态吸收光谱

Ti₃C₂/Ag 未被激发时，0ps 延迟时间曲线（黑色）为参考信号。Ti₃C₂/Ag 在 495nm 处出现的峰是由光诱导吸收引起的已占态和未占态之间的跃迁导致。这种现象在 Z 扫描实验中被观察为反饱和吸收。显然，在约为 50ps 时，我们可以看到瞬态吸收信号在全波段内弛豫至零。在图 5-10（d）中，Ti₃C₂ 纳米片表现出类似的行为，在约为 25ps 时，瞬态吸收信号弛豫接近零。

与纯 Ti₃C₂ 纳米片相比，Ti₃C₂/Ag 具有增强的非线性光学效应。在瞬态吸收光谱测量中，泵浦光为 400nm 激光（约为 3.10eV），其能量远高于 Ti₃C₂ 纳米片的能带（约为 2.04eV）。一般来说，当样品被入射脉冲激光泵浦后，价带（VB）中的电子通过弗兰克—康登跃迁在数飞秒内被激发到导带（CB），空穴将停留在价带上。然后，光激载流子迅速转化为具有费米-狄拉克分布的热载流子，随后，热载流子通过电子—电子和电子—声子散射，进行不同的弛豫过程，在几皮秒内将电子产生到导带的最小值。最后，电子会冷却下来，弛豫回到价带，并在几十皮秒内与空穴重新结合。

在图 5-11（a）和（b）中，两种衰减时间 τ_1 和 τ_2 随探测波长的增加而减小。这一结果可能是由于处于较低能量态的电子更有可能被探测到，因为它们比处于较高能量态的电子衰减得更慢。

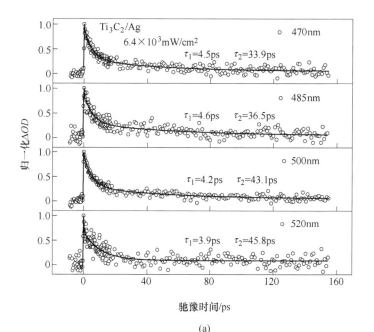

(a)

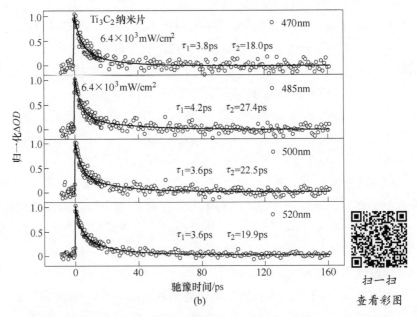

图 5-11 当 400nm 激光激发, 泵浦能量固定在 6.4 ×10^{3}mW/cm^2 时, Ti$_3$C$_2$/Ag 和

Ti$_3$C$_2$ 纳米片在 470nm、485nm、500nm 和 520nm 不同探测波长下的载流子动力学曲线

（a）当 400nm 激光激发, 泵浦能量固定在 6.4 ×10^{3}mW/cm^2 时, Ti$_3$C$_2$/Ag 纳米片

在 470nm、485nm、500nm 和 520nm 不同探测波长下的载流子动力学曲线；

（b）当 400nm 激光激发, 泵浦能量固定在 6.4 ×10^{3}mW/cm^2 时, Ti$_3$C$_2$ 纳米片在

470nm、485nm、500nm 和 520nm 不同探测波长下的载流子动力学曲线

由于 Ag 具有较大的态密度, 在 VB 的漂白作用消失之前, Ti$_3$C$_2$导带中的激发态载流子会转移到 Ag 原子的 d 带。这一过程将延长复合材料中激发态电子的寿命, 使其具有更强的反饱和吸收响应。此外, Ag 原子 d 带的电子进一步转移到官能团的激发态, 官能团吸收入射光跃迁到更高的能级, 导致反饱和吸收响应增强。当修饰银纳米粒子时, Ti$_3$C$_2$ 的导带激发的载体可以转移到金属的 sp 带, 然后回到 Ti$_3$C$_2$/Ag 的价带。与纯 Ti$_3$C$_2$ 纳米片的直接弛豫相比, 这一过程将在更长的时间尺度（50ps）内发生, 从而导致反饱和吸收效应增强, 相关的实验现象在石墨烯中也有发现。

综上所述, 利用飞秒瞬态吸收光谱对样品的载流子动力学进行了研究。结果表明, 弛豫过程包含一个快速衰减分量（约 4ps）和一个缓慢衰减分量（约 12ps）, 它们分别来自电子—声子和声子—声子的相互作用。两个衰减时间随泵浦能量的增加而增加。此外, 利用一步还原法制备了 Ti$_3$C$_2$/Ag 混合溶液, 并研究了混合溶液的载流子动力学, 发现了 Ag 纳米粒子对比纯 Ti$_3$C$_2$ 纳米片的吸

收有增强作用，并增加了载流子弛豫时间，这个现象可归因为 Ag 纳米粒子掺杂导致的能带作用。研究表明，Ti_3C_2 纳米片可用于超快光电子学，如光限幅器和新型光子器件。

5.5 V₂C/Ag 纳米片的能量转移和光物理过程

图 5-12（a）解释了具有粗糙表面和手风琴形状的典型形态的多层 V_2CT_x。SEM 和 EDS 的元素映射数据表明，Ag、V 和 C 元素均匀分布在单层 V_2CT_x 中。在图 5-12（b）中 V_2CT_x 的初步分析中，C、V、Ag 的含量比为 2∶3∶3 的结果是通过能谱 X 射线能谱（EDS）得到的，而其他元素含量不足，通过 EDS 难以

(a)

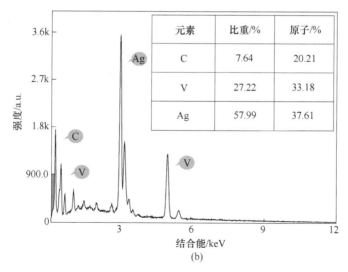

元素	比重/%	原子/%
C	7.64	20.21
V	27.22	33.18
Ag	57.99	37.61

(b)

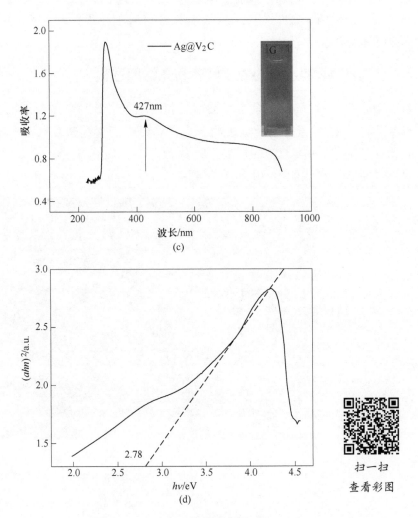

图 5-12　Ag@ V₂C 的基础表征

（a）Ag@ V₂C 元素的 SEM 和 EDS 映射图；（b）Ag@ V₂C 的 EDS。插图是不同元素的原子比率；

（c）Ag@ V₂C 的光吸收光谱；（d）Ag@ V₂C 的能带隙估算

测量。图 5-12（c）为 V_2CT_x 的线性吸收光谱，采用紫外可见近红外分光光度计，观察到两个吸收峰，即 315nm 和 427nm。这些发现证明了 V_2CT_x 的表面被 Ag 纳米粒子功能化，并通过理论计算预测了峰的位置。在图 5-12（d）中，根据 Kubelka-Munk 的理论估算出 V_2CT_x 的带隙值为 2.75～2.80eV。

在波长为 532nm，激光能量为 440μJ、578μJ、681μJ 处进行开孔 Z 扫描，得到 V_2CT_x 纳米片胶体的规一化透射，如图 5-13 所示。这个实验导致了三个不同的结果。从图 5-13（a）中可以看出，V_2CT_x 纳米片的透射率在 Z 位置趋近于 0 时一直保持平稳，然后急剧上升，并出现一个峰值，这反映了 SA 特性。在图 5-13（b）中，从 SA 到 RSA 的转换被展示出来。当 Z 位置趋近于 0 时，透射率上升到第一个峰，表示 SA 性质，然后回落到一个波谷，表示 RSA 性质，然后再次上升到第二个峰，又回落到平坦的线性透射率。在图 5-13（c）中，激光脉冲能量达到 681μJ 时，我们可以看到一个深谷，这说明了 RSA 性质。图 5-13（a）~（c）大致展示了 NLO 特性的整个过程，包括 SA、conversion、RSA。

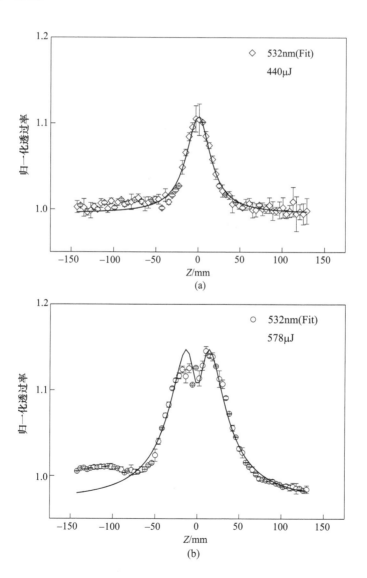

(a)

(b)

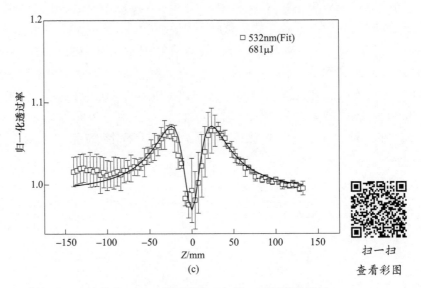

图 5-13   在波长为 532nm 进行开孔 Z 扫描，不同激发能量
下得到 V_2CTx 纳米片的规一化实验曲线

（a）激光能量为 440μJ；（b）激光能量为 578μJ；（c）激光能量为 681μJ

  NLO 特性的物理机制可以解释如下。上述发现主要与入射激光脉冲能量的变化和 MXene 的性质有关。一般认为材料的非线性磁化率是由带内跃迁、带间跃迁、热电子激发和热效应引起的。当 V_2CT_x 单层薄片处于低脉冲能量时，出现一个光子吸收，表明性质为 SA 饱和吸收性质。在激光辐照下，当样品接近焦点时，当大量的 V_2CT_x 单层纳米片被泵入激发态时，激光能量突然增加，材料吸收了大量的入射光脉冲，只留下少量的基态光脉冲。因此，更多的光穿透样品，使样品的透光率更高，可以在中观察到 SA。这种现象称为等离子体带基态漂白。为了消除热效应对非线性可能性的影响，我们设置了一个短脉冲和低重复频率（10Hz，6ns）的激光脉冲。当入射脉冲能量达到 1080μJ 时，出现转换；当达到 1380μJ 时，RSA 出现。产生 RSA 的主要原因可能是激发态吸收（ESA）和双光子吸收（TPA）。

  光物理过程如图 5-14 所示。当激发光辐照样品时，材料基态电子随着泵浦过程大量跃迁到激发态，留在基态的电子数目大量减少，导致吸收后续激发光子数量锐减，实验中我们发现，此时透过率升高，表明吸收下降，这被称为基态漂白机制，导致了饱和吸收现象的发生。但当激光能量进一步增加时，价带电子吸收两个光子跃迁到导带，即发生双光子吸收，使样品出现反饱和吸收现象。其非线性光学特性来源于从供体到受体的光诱导电子/能量转移机制的有效结合。

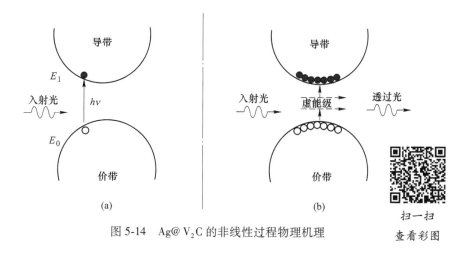

图 5-14 Ag@ V₂C 的非线性过程物理机理

扫一扫
查看彩图

　　为了考察 Ag@ V₂C 纳米片的超快载流子动力学，如图 5-14 所示，我们进行了宽带瞬态吸收的研究。在图 5-15（a）中，我们可以看到，Ag@ V₂C 纳米片的 TA 光谱是由时间和光谱上获得的 TA 信号的 2D 图所表示的。我们使用恒定泵影响（$6.4×10^3 mW/cm^2$）和探测光束从 450nm 到 600nm 测量宽带 TA 信号和获得 2d 颜色编码的地图，削减水平通过每个地图五次获得五差分吸收光谱不同延迟时间（0ps、3.2ps、4.0ps、6.6ps、11ps）。

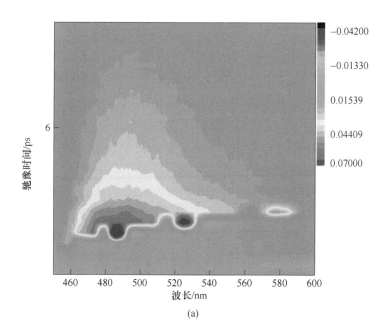

(a)

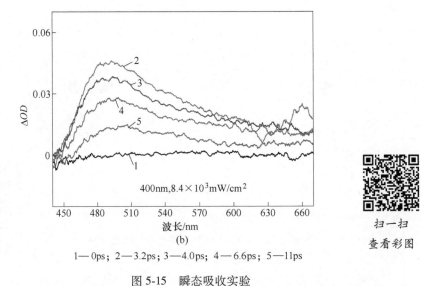

1—0ps；2—3.2ps；3—4.0ps；4—6.6ps；5—11ps

图 5-15　瞬态吸收实验

（a）Ag@ V₂C 的瞬态吸收光谱；（b）不同弛豫时间 Ag@ V₂C 的瞬态吸收光谱

在图 5-15（b）中，一个正吸收表明整个光谱区域发生了激发态吸收（ESA），在皮秒尺度内可以看到超快载流子弛豫过程。随着延迟时间的增加，TA 光谱幅值明显减小。这可能与 Ag@ V₂C 纳米片的载流子弛豫过程有关。当 Ag@ V₂C 纳米片未被激发时，0ps 延迟时间曲线是参考信号。Ag@ V₂C 纳米片的峰值出现在 485nm 处，这归因于光诱导吸收，这是由已占据态和未占据态之间的过渡过程引起的。而这种现象在 Z 扫描实验中被观察到为 RSA。在 ~13ps 内，我们可以看到 TA 信号在全波段松弛为零。在 TA 测量中，泵浦光为 400nm（~3.10eV）激光，其能量远远高于 Ag@ V₂C 纳米片（~2.78eV）的能带。因此，在激发入射激光脉冲后，电子被激发。光激发电子通过 Franck-Condon 跃迁到数十飞秒的导带，空穴停留在价带。然后，利用费米-狄拉克分布将光激发载流子快速转化为热载流子。随后，热电子通过导带上的 e-e 和 e-ph 散射进行快速弛豫过程降温。最终导带上的热电子通过不同的弛豫过程通过载流子声子散射回到价带并与空穴复合。

此外，我们还研究了在探测波长为 500nm 时泵注量对载流子动力学的影响。如图 5-16（b）所示，三种不同泵浦能量（$5.1×10^3$mW/cm²、$6.4×10^3$mW/cm²、$8.1×10^3$mW/cm²）下的实验结果，实验经过拟合得到相应参数。得到相应的参数。随着泵浦能量的增加，快衰分量 τ_1 的寿命由 3.9ps 增加到 4.5ps，慢衰分量 τ_2 的寿命由 11.1ps 增加到 13.2ps。一般来说，在二维材料中，较快的衰减部分归因于 e-ph 散射，较慢的衰减部分与 ph-ph 散射有关。载流子声子相互作用是载

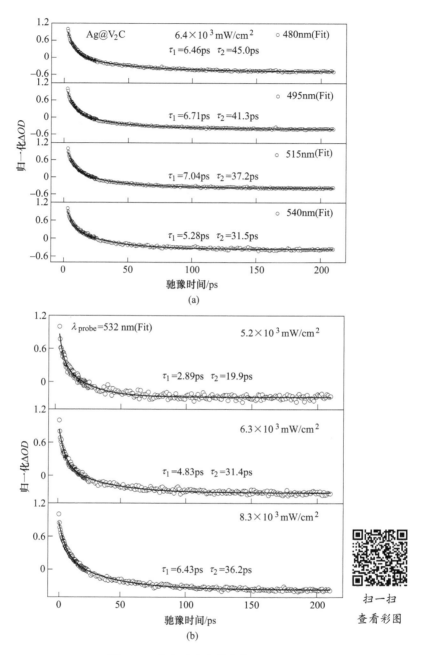

图 5-16 载流子动力学曲线

（a）不同探测波长分别为 480nm、495nm、525nm、515nm 和 540nm 时 Ag@ V₂C 的载流子动力学曲线
（400nm 泵浦时）。能量为 $6.4 \times 10^3 \, mW/cm^2$；（b）不同泵浦通量下的载流子动力学曲线（400nm 泵浦），
能量分别为 $5.2 \times 10^3 \, mW/cm^2$，$6.3 \times 10^3 \, mW/cm^2$ 和 $8.3 \times 10^3 \, mW/cm^2$

流子能量传递过程中的一个基本过程。结果，载流子声子相互作用效率的增加导致冷却过程的增加。也就是说，高能注入加速了载流子的弛豫过程。在量子点和 2D 薄膜中也发现了类似的结果。

在图 5-16 中，两个弛豫时间 τ_1 和 τ_2 随探针波长的增加而减小。这一结果可能是由于在低能态上的电子更有可能被探测到，它比高能态的电子减少得更慢。在石墨中也观察到类似的现象。由于 Ag 具有较大的态密度，在 VB 的漂白效应消失之前，V_2CT_x 纳米片的 CB 中的激发态电子会转移到 Ag 原子的 d 带上。这一过程将延长复合材料中受激电子的寿命，导致更强的 RSA 响应。此外，Ag 原子 d 带中的电子进一步转移到官能团的激发态，官能团吸收入射光，跃迁到更高的能级，导致 RSA 性能增强。Ag 纳米粒子修饰后，V_2CT_x 的 CB 激发的载流子可以转移到金属的 sp 带，然后返回到 Ag@ V_2CT_x 纳米片的 VB 带。与纯 V_2CT_x 纳米片的直接弛缓相比，这一过程的时间尺度（50ps）长得多，导致 RSA 效应增强，石墨烯中也发现了类似的现象。

5.6　本章小结

本章采用纳秒开孔 Z 扫描和瞬态吸收光谱研究了 Ti_3C_2 纳米片的宽带非线性吸收和载流子动力学。发现了在宽带可见光区（475～700nm）的反饱和吸收效应，研究发现在较低的入射能量下非线性吸收不会发生。当激光能量增加到 0.64GW/cm^2 时，价带电子可以吸收两个光子跃迁到导带，即发生 TPA，使样品显示 RSA 效应。揭示了材料双光子吸收的机理，数据拟合得到了双光子吸收系数和其他参数。

用瞬态吸收方法研究样品的载流子动力学，结果表明，弛豫包含了一个快速衰减和一个缓慢衰减组分。它们分别来自电子—声子和声子—声子的相互作用。随着泵浦能量的增加，快速衰减寿命 τ_1 从 3.9ps 增加到 4.5ps，慢衰减寿命弛豫时间 τ_2 从 11.1ps 增加到 13.2ps。此外，还进行了银纳米粒子掺杂 Ti_3C_2 纳米片的瞬态吸收研究，研究发现，由于银纳米粒子掺杂所产生的中间能级，能够产生载流子转移和俘获过程，这一过程增加了载流子衰减时间。这些结果表明，Ti_3C_2 纳米片在宽带光限幅器中具有潜在的应用前景。

6 结 论

<<<<<<<<<<<<<<<<<<<<<<<<<<<<<<<<<<<<<<<<<<<<<<<<<<<<<<<<<<<<<

6.1 研究成果

本书选用二维 WS_2 纳米片、BP 纳米片和 Ti_3C_2 纳米片三种典型的二维材料，进行了制备和表征，并利用 Z 扫描技术、瞬态吸收技术对材料的非线性吸收和载流子动力学进行了研究，取得了如下三方面的研究成果。

6.1.1 黑磷纳米片的非线性吸收及光动力过程研究

在可见光区研究了 BP 纳米片的非线性吸收性质，在 $450 \sim 700nm$ 的宽频带内观察到强饱和吸收。随着波长的增加，饱和光强呈增大趋势。在常见的 520nm 激光激发下通过纳秒 Z 扫描实验研究了不同入射能量相关的非线性吸收特性。研究发现从饱和吸收至反饱和吸收的变化过程，解释了线性吸收和双光子吸收之间竞争机制，并理论拟合得到了非线性吸收系数和双光子吸收系数。此外，研究了在不同的脉冲宽度条件下的饱和吸收，发现飞秒激光激发的饱和光强大于皮秒和纳秒脉宽激光激发，并且可以通过样品浓度控制可见光区的饱和吸收强度。

采用瞬态吸收光谱技术研究了 BP 纳米片泵浦能量和波长相关的超快载流子动力学。研究发现，在 400nm 激光激发时，在一个大的泵浦能量下观察到一个额外的衰减通道，用一个有效子带结构解释了其机理。在 800nm 时观察到异常的能量依赖寿命，得到了对于 400nm 和 800nm 的泵浦光，波长越大衰减时间越长的结论。

6.1.2 二硫化钨纳米片的非线性吸收及载流子动力学研究

发现了 WS_2 纳米片在可见光波段宽带（$450 \sim 700nm$）的饱和吸收效应以及与入射波长相关的非线性特性，解释了饱和吸收特性的基态漂白机制，通过数据拟合得到相关非线性参数，发现饱和光强与波长有对应关系。在 500nm 吸收峰处研究了不同入射能量的非线性吸收特性，并与常见的 532nm 激发光结果对比，随着入射能量的增加，发现了从饱和吸收到反饱和吸收的转化过程，给出了转化发生的线性吸收与双光子吸收竞争机制解释，并计算了饱和吸收系数和双光子吸收系数。

利用飞秒瞬态吸收光谱研究了材料的载流子动力学，系统地描述了可见光波段的载流子动力学。实验结果发现，弛豫过程包含快、慢两种衰变时间尺度，运用双 e 指数理论拟合实验数据，发现能量弛豫机制包括快速衰减（电子—声子耦合）和慢衰减两种不同组分（声子—声子耦合），通过理论拟合得到了载流子弛豫过程中快组分与慢组分的寿命参数。

6.1.3　Ti_3C_2 纳米片的非线性吸收及载流子动力学研究

采用纳秒开孔 Z 扫描技术研究了 Ti_3C_2 纳米片的非线性宽带吸收，在较低的入射能量下，发现非线性吸收未发生。当激光能量增加到 $0.64GW/cm^2$ 时，价带电子可以吸收两个光子跃迁到导带，即发生双光子吸收，使样品显示反饱和吸收现象。研究揭示了反饱和吸收现象在可见光区（475~700nm）的双光子吸收机理，并通过理论拟合得到了双光子吸收系数等非线性参数。

此外，还利用瞬态吸收光谱研究了 Ti_3C_2 纳米片的载流子动力学。当用瞬态吸收技术研究样品的超快载流子动力学时，发现样品弛豫过程包含了一个快速衰减组分和一个缓慢衰减组分。它们分别来自电子—声子和声子—声子的相互作用。研究还发现，随着泵浦能量的增加，快速衰减寿命 τ_1 从 3.9ps 增加到 4.5ps，慢衰减寿命 τ_2 从 11.1ps 增加到 13.2ps。我们还进一步研究了银纳米粒子掺杂 Ti_3C_2 纳米片的瞬态吸收光谱，研究发现，由于银粒子掺杂所产生的中间能级，能够产生载流子转移和俘获过程，这一过程增加了载流子衰减时间。这些结果表明，Ti_3C_2 纳米片在宽带光限幅器中具有潜在的应用前景。

6.2　主要创新点

（1）建立了一个子带结构解释了 BP 纳米片在大的泵浦能量下额外的衰减通道；阐明了异常能量依赖寿命以及波长越大，衰减时间越长的机理。在可见光区确定了 BP 纳米片的强饱和吸收性能，系统总结了不同脉冲宽度，不同溶剂对 BP 纳米片饱和吸收强度影响的作用机理。

（2）系统研究了二维 WS_2 纳米片在可见光区的非线性吸收性能，证实了共振波段在 WS_2 纳米片的非线性吸收增强作用；利用 Ag 纳米粒子与 WS_2 纳米片掺杂，阐明了金属纳米粒子对 WS_2 纳米片表面等离激元共振增强非线性吸收机理。

（3）通过改变不同激发波长不同能量，系统地研究了 Ti_3C_2 纳米片在可见光区反饱和吸收性能，为光电领域进一步应用提供重要参考。解释了激发态载流子在 Ag 纳米粒子与 Ti_3C_2 纳米片带间跃迁的物理过程，阐明了金属纳米粒子增大弛豫寿命的作用机理。

6.3 不足之处及可进一步开展的研究

本书在几种二维材料的光学非线性吸收及载流子动力学研究中取得了一些进展，在上述研究的基础上，可以继续开展一些有意义的研究工作，主要包括以下几个方面：

（1）开孔 Z 扫描实验能够应用简单的实验光路进行非线性吸收以及非线性折射的测量。我们通过这种方法进行了非线性吸收系数的测量，但未进行非线性折射的测量，因此，可进一步开展相关研究，完善材料的非线性折射性质。

（2）本书中的样品都是材料的溶液，不同溶剂也可能对材料产生重要影响，转换溶剂也是很好的研究方向，可以探索不同溶剂对二维材料非线性效应的影响。

（3）本书中所进行的实验都是材料的溶液，为了扩展材料的应用场景，可镀膜于石英玻璃、碳化硅等基底，相关成果对于制作器件等应用将会具有重要的指导意义。

（4）将不同的二维材料混合进行异质结等方向的研究也是一个研究热点，可以探索非线性效应有显著提升的二维材料组合体系。

参 考 文 献

[1] Kuzyk M G. Physical limits on electronic nonlinear molecular susceptibilities [J]. Physical Review Letters, 2000, 85 (6): 1218-1221.

[2] Rolston S L, Phillips W D. Nonlinear and quantum atom optics [J]. Nature, 2002, 416 (6877): 219-224.

[3] D J K L. XL. A new relation between electricity and light: dielectrified media birefringent [J]. Philosophical Magazine Series 1, 1875, 50 (332): 337-348.

[4] Shen Y R. The principles of nonlinear optics [M]. J. Wiley, 1984.

[5] Masters B R, Boyd R W. Nonlinear optics, third edition [M]. Academic Press, 2009.

[6] Maiman T H. Stimulated optical radiation in ruby [J]. Nature, 1960, 187 (4736): 493-494.

[7] Sipe J E, Moss D J, Vandriel H M. Phenomenological theory of optical 2nd-harmonic and 3rd-harmonic generation from cubic centrosymmetric crystals [J]. Physical Review B, 1987, 35 (3): 1129-1141.

[8] Franken P, Hill A, Peters C, et al. Generation of optical harmonics [J]. Physical Review Letters, 1961, 7 (4): 118-119.

[9] Paul P M, Toma E S, Breger P, et al. Observation of a train of attosecond pulses from high harmonic generation [J]. Science, 2001, 292 (5522): 1689-1692.

[10] Slusher R E, Yurke B, Grangier P, et al. Squeezed-light generation by four-wave mixing near an atomic resonance [J]. Journal of the Optical Society of America B, 1987, 4 (10): 1453-1464.

[11] Weiner A M, Leaird D E, Wiederrecht G P, et al. Femtosecond multiple-pulse impulsive stimulated Raman scattering spectroscopy [J]. Journal of the Optical Society of America B Optical Physics, 1991, 8: 1264-1270.

[12] Planas S A, Mansur N L P, Cruz C H D B, et al. Spectral narrowing in the propagation of chirped pulses in single-mode fibers [J]. Optics Letters, 1993, 18 (9): 699-701.

[13] Kurtsiefer C, Mayer S, Zarda P, et al. Stable solid-state source of single photons [J]. Physical Review Letters, 2000, 85 (2): 290-293.

[14] Baltuska A, Udem T, Uiberacker M, et al. Attosecond control of electronic processes by intense light fields [J]. Nature, 2003, 421 (6923): 611-615.

[15] Saleh B E A, Teich M C. Fundamentals of photonics wiley [J]. Spie Org, 2007, 45: 87.

[16] Garmire E. Nonlinear optics in daily life [J]. Optics Express, 2013, 21 (25): 30532-30544.

[17] Keller U. Recent developments in compact ultrafast lasers [J]. Nature, 2003, 424 (6950): 831-838.

[18] Guo L, Hou W, Zhang H B, et al. Diode-end-pumped passively mode-locked ceramic Nd: YAG Laser with a semiconductor saturable mirror [J]. Optics Express, 2005, 13 (11): 4085-4089.

［19］ Li C. Nonlinear stimulated scattering ［M］. Nonlinear Optics：Principles and Applications. Singapore：Springer Singapore. 2017：149-175.

［20］ Wooten E L, Kissa K M, Yi-Yan A, et al. A review of lithium niobate modulators for fiber-optic communications systems ［J］. IEEE Journal of Selected Topics in Quantum Electronics, 2000, 6（1）：69-82.

［21］ Nabet B, Dianat P, Zhao X, et al. 2 - High-speed high-sensitivity low power photodetector with electron and hole charge plasma ［M］//Nabet B. Photodetectors. Woodhead Publishing. 2016：21-46.

［22］ Novoselov K S, Geim A K, Morozov S V, et al. Electric field effect in atomically thin carbon films ［J］. Science, 2004, 306（5696）：666-669.

［23］ Sun Z, Li R, Bi Y, et al. Generation of 11. 5 W coherent red-light by intra-cavity frequency-doubling of a side-pumped Nd：YAG laser in a 4cm LBO ［J］. Optics Communications, 2004, 241（1）：167-172.

［24］ Vahala K J. Optical microcavities ［J］. Nature, 2003, 424（6950）：839-846.

［25］ Zipfel W R, Williams R M, Webb W W. Nonlinear magic：multiphoton microscopy in the biosciences ［J］. Nature Biotechnology, 2003, 21（11）：1369-1377.

［26］ Keller U. Ultrafast solid-state laser oscillators：a success story for the last 20 years with no end in sight ［J］. Applied Physics B, 2010, 100（1）：15-28.

［27］ Soref, Richard. The past, present, and future of silicon photonics ［J］. IEEE Journal of Selected Topics in Quantum Electronics, 2006, 12（6）：1678-1687.

［28］ Zhao C, Zhang H, Qi X, et al. Ultra-short pulse generation by a topological insulator based saturable absorber ［J］. Applied Physics Letters, 2012, 101（21）：1-4.

［29］ Geim A K, Novoselov K S. The rise of graphene ［J］. Nature Materials, 2007, 6（3）：183-191.

［30］ Yamashita S. Nonlinear optics in carbon nanotube, graphene, and related 2D materials ［J］. Apl Photonics, 2019, 4（3）：1131-1139.

［31］ Sun Z, Ghotbi M, Ebrahim-Zadeh M. Widely tunable picosecond optical parametric generation and amplification in BiB_3O_6 ［J］. Optics Express, 2007, 15（7）：4139-4148.

［32］ Mak K F, Sfeir M Y, Wu Y, et al. Measurement of the optical conductivity of graphene ［J］. Physical Review Letters, 2008, 101（19）：12-22.

［33］ Bo Y, Geng A C, Bi Y, et al. High-power and high-quality, green-beam generation by employing a thermally near-unstable resonator design ［J］. Applied Optics, 2006, 45（11）：2499-2503.

［34］ 柴志军. CdSeTe 纳米粒子的超快光学特性研究 ［D］. 哈尔滨：黑龙江大学, 2017.

［35］ 张芳. 几种新型二维材料的非线性吸收性能研究 ［D］. 济南：山东大学, 2016.

［36］ Fu B, Hua Y, Xiao X, et al. Broadband graphene saturable absorber for pulsed fiber lasers at 1, 1. 5, and 2μm ［J］. IEEE Journal of Selected Topics in Quantum Electronics, 2014,

20 (5): 411-415.

[37] Wang G. Third-order nonlinear optical response and ultrafast carrier dynamics of 2d materials [D]. School of Physics and the Centre for Research on Adaptive Nanostructures and Nanodevices, Trinity College Dublin, 2018: 45-56.

[38] Li W, Zheng C, Guo Q, et al. Synthesis of one-dimensional calcium silicate nanowires as effective broadband optical limiters [J]. Applied Optics, 2018, 57 (30): 9183-9188.

[39] Zhang F, Wang Z, Wang D, et al. Nonlinear optical effects in nitrogen-doped graphene [J]. RSC Advances, 2016, 6 (5): 3526-3531.

[40] Shah J. Hot carriers in semiconductor nanostructures [M]. Academic Press, 1992.

[41] 聂忠辉. 过渡金属硫化物及其异质结中光生载流子动力学的研究和调控 [D]. 南京: 南京大学, 2019.

[42] Othonos, Andreas. Probing ultrafast carrier and phonon dynamics in semiconductors [J]. Journal of Applied Physics, 1998, 83 (4): 1789-1795.

[43] Othonos A, van Driel H M, Young J F, et al. Correlation of hot-phonon and hot-carrier kinetics in Ge on a picosecond time scale [J]. Physical Review B, 1991, 43 (8): 6682-6690.

[44] Alivisatos A P. Semiconductor clusters, nanocrystals, and quantum Dots [J]. Science, 1996, 271 (5251): 933-937.

[45] Yu D, Du K, Zhang J, et al. Composition-tunable nonlinear optical properties of ternary $CdSe_xS_1$-x ($x = 0$, 1) alloy quantum dots [J]. New Journal of Chemistry, 2014, 38 (10): 5081-5086.

[46] Zhang J, Yang Q, Cao H, et al. Bright gradient-alloyed CdSexS1-x quantum dots exhibiting cyan-blue emission [J]. Chemistry of Materials, 2016, 28 (2): 618-625.

[47] Binnig G, Rohrer H, Gerber C, et al. Tunneling through a controllable vacuum gap [J]. Applied Physics Letters, 1982, 40 (2): 178-180.

[48] Brus L E. Electron-electron and electron-hole interactions in small semiconductor crystallites: The size dependence of the lowest excited electronic state [J]. The Journal of Chemical Physics, 1984, 80 (9): 4403-4409.

[49] Gupta A, Sakthivel T, Seal S. Recent development in 2D materials beyond graphene [J]. Progress in Materials Science, 2015, 73 (aug.): 44-126.

[50] Kim Y T, Han J H, Hong B H, et al. Electrochemical synthesis of CdSe quantum-dot arrays on a graphene basal plane using mesoporous silica thin-film templates [J]. Advanced Materials, 2010, 22 (4): 515-518.

[51] Zhang G, Wang D. Colloidal lithography—the art of nanochemical patterning [J]. Chem Asian J, 2009, 4 (2): 236-245.

[52] Deng D, Lee J Y. Hollow Core-shell mesospheres of crystalline SnO_2 nanoparticle aggregates for high capacity Li^+ I SnO_2 Ion storage [J]. Chemistry of Materials, 2008, 20 (5): 1841-1846.

[53] Leshuk T, Linley S, Baxter G, et al. Mesoporous hollow sphere titanium dioxide photocatalysts through hydrothermal silica etching [J]. Acs Applied Materials & Interfaces, 2012, 4 (11): 6062-6070.

[54] Dhas N A, Suslick K S. Sonochemical preparation of hollow nanospheres and hollow nanocrystals [J]. Journal of the American Chemical Society, 2005, 36 (22): 10-19.

[55] He H, Cai W, Lin Y, et al. Surface decoration of ZnO nanorod arrays by electrophoresis in the Au colloidal solution prepared by laser ablation in water [J]. Langmuir the Acs Journal of Surfaces & Colloids, 2010, 26 (11): 8925-8932.

[56] Li N, Yanagisawa K, Kumada N. Facile hydrothermal synthesis of yttrium hydroxide nanowires [J]. Crystal Growth & Design, 2009, 9 (2): 978-981.

[57] Xin, Chen, reas, et al. Silica nanotubes by templated thermolysis of silicon tetraacetate [J]. Chemistry of Materials, 2011: 68-79.

[58] Liang S, Zhou J, Fang G, et al. Ultrathin Na1.1V3O7.9 nanobelts with superior performance as cathode materials for lithium-Ion batteries [J]. Applied Materials & Interfaces, 2013, 5 (17): 77-84.

[59] Hor Y, Xiao Z L, Welp U, et al. Nanowires and nanoribbons of charge-density-wave conductor NbSe$_3$ [J]. Nano Letters, 2005, 5 (2): 397-401.

[60] Lao J Y, Wen J G, Ren Z F. Hierarchical ZnO nanostructures [J]. Nano Letters, 2002, 2 (11): 1287-1291.

[61] Karakouz T, Holder D, Goomanovsky M, et al. Morphology and refractive index sensitivity of gold island films [J]. Chemistry of Materials, 2009, 21 (24): 5875-5885.

[62] Kargar A, Jing Y, Kim S J, et al. ZnO/CuO Heterojunction branched nanowires for photoelectrochemical hydrogen generation [J]. Acs Nano, 2013, 7 (12): 11112-11120.

[63] Cheng L, Chen Z G, Song M, et al. High curie temperature Bi$_{1.85}$Mn$_{0.15}$Te$_3$ nanoplates [J]. Journal of the American Chemical Society, 2012, 134 (46): 18920-18923.

[64] Gao R, Yin L, Wang C, et al. High-yield synthesis of boron nitride nanosheets with strong ultraviolet cathodoluminescence emission [J]. Journal of Physical Chemistry C, 2009, 113 (34): 15160-15165.

[65] Premkumar T, Zhou Y S, Lu Y F, et al. Optical and field-emission properties of ZnO nanostructures deposited using high-pressure pulsed laser deposition [J]. Acs Applied Materials & Interfaces, 2010, 2 (10): 2863-2869.

[66] Zhang X, Wang X B, Wang L W, et al. Synthesis of a highly efficient BiOCl single-crystal nanodisk photocatalyst with exposing {001} Facets [J]. Acs Applied Materials & Interfaces, 2014, 6 (10): 7766-7772.

[67] Landau L D, Lifshi ß E M, Pitaevskiĭ L P. Statistical physics [M]. Oxford ; New York: Pergamon Press, 1980.

[68] Kroto H W, Heath J R, Obrien S C, et al. C60: Buckminsterfullerene [J]. Nature, 1985, 318 (6042): 162-163.

[69] Iijima S. Helical microtubules of graphitic carbon [J]. Nature, 1991, 354 (6348): 56-58.

[70] Hendry E, Hale P J, Moger J, et al. Coherent nonlinear optical response of graphene [J]. Physical Review Letters, 2010, 105 (9): 22-26.

[71] Dean C R, Young A F, Meric I, et al. Boron nitride substrates for high-quality graphene electronics [J]. Nature Nanotechnology, 2010, 5 (10): 722-726.

[72] Breusing M, Ropers C, Elsaesser T. Ultrafast carrier dynamics in graphite [J]. Physical Review Letters, 2009, 102 (8): 54-67.

[73] Lui C H, Mak K F, Shan J, et al. Ultrafast photoluminescence from graphene [J]. Physical Review Letters, 2010, 105 (12): 567-576.

[74] Ramakrishnan G, Chakkittakandy R, Planken P C M. Terahertz generation from graphite [J]. Optics Express, 2009, 17 (18): 16092-16099.

[75] Zhang H, Liu C X, Qi X L, et al. Topological insulators in Bi_2Se_3, Bi_2Te_3 and Sb_2Te_3 with a single dirac cone on the surface [J]. Nature Physics, 2009, 5 (6): 438-442.

[76] Splendiani A, Sun L, Zhang Y, et al. Emerging photoluminescence in monolayer MoS_2 [J]. Nano Letters, 2010, 10 (4): 1271-1275.

[77] Tran V, Soklaski R, Liang Y, et al. Layer-controlled band gap and anisotropic excitons in few-layer black phosphorus [J]. Phys. rev. b, 2014, 89 (23): 235319.

[78] Naguib M, Kurtoglu M, Presser V, et al. Two-dimensional nanocrystals produced by exfoliation of Ti_3AlC_2 [J]. Advanced Materials, 2011, 23 (37): 4248-4253.

[79] Kong L, Qin Z, Xie G, et al. Black phosphorus as broadband saturable absorber for pulsed lasers from $1\mu m$ to $2.7\mu m$ wavelength [J]. Laser Physics Letters, 2016, 13 (4): 045801-045809.

[80] Song Y W, Jang S Y, Han W S, et al. Graphene mode-lockers for fiber lasers functioned with evanescent field interaction [J]. Applied Physics Letters, 2010, 96 (5): 98-103.

[81] Zhang H, Virally S, Bao Q, et al. Z-scan measurement of the nonlinear refractive index of graphene [J]. Optics Letters, 2012, 37 (11): 1856-1858.

[82] Ban M. Cumulant expansion for a system with pre- and post-selection and a weak value of a gaussian system [J]. International Journal of Theoretical Physics, 2015, 54 (4): 1342-1351.

[83] Halperin W P. Quantum size effects in metal particles [J]. Reviews of Modern Physics, 1986, 58 (3): 533-606.

[84] Klabunde K J, Stark J, Koper O, et al. Nanocrystals as stoichiometric reagents with unique surface chemistry [J]. The Journal of Physical Chemistry, 1996, 100 (30): 12142-12153.

[85] Katsnelson M I. Graphene: carbon in two dimensions [J]. Materials Today, 2007, 10 (1): 20-27.

[86] Kong L, Qin Z, Xie G, et al. Black phosphorus as broadband saturable absorber for pulsed lasers from $1\mu m$ to $2.7\mu m$ wavelength [J]. Laser Physics Letters, 2016, 13 (4): 045801-045807.

［87］ Zheng X, Zhang Y, Chen R, et al. Z-scan measurement of the nonlinear refractive index of monolayer WS_2 ［J］. Optics Express, 2015, 23 (12): 15616-15623.

［88］ Bo F, Yi H, Xiao X, et al. Broadband graphene saturable absorber for pulsed fiber lasers at 1, 1.5, and $2\mu m$ ［J］. IEEE Journal of Selected Topics in Quantum Electronics, 2014, 20 (5): 411-415.

［89］ Zeng H L, Dai J F, Yao W, et al. Valley polarization in MoS_2 monolayers by optical pumping ［J］. Nature Nanotechnology, 2012, 7 (8): 490-493.

［90］ Liu H, Si M, Deng Y, et al. Switching mechanism in single-layer molybdenum disulfide transistors: an insight into current flow across schottky barriers ［J］. ACS Nano, 2014, 8 (1): 1031-1038.

［91］ Mak K F, He K L, Shan J, et al. Control of valley polarization in monolayer MoS_2 by optical helicity ［J］. Nature Nanotechnology, 2012, 7 (8): 494-498.

［92］ Torrisi F, Hasan T, Wu W P, et al. Inkjet-printed graphene electronics ［J］. Acs Nano, 2012, 6 (4): 2992-3006.

［93］ Tan T, Jiang X, Wang C, et al. 2D Material optoelectronics for information functional device applications: status and challenges ［J］. Advanced Science, 2020, 7 (11): 2000058-2000083.

［94］ Wang Q H, Kalantar-Zadeh K, Kis A, et al. Electronics and optoelectronics of two-dimensional transition metal dichalcogenides ［J］. Nature Nanotechnology, 2012, 7 (11): 699-712.

［95］ P W. Two new modifications of phosphorus: Papers 12-31 ［J］. Journal of the American Chemical Society, 1914, 36 (7): 674-685

［96］ Khandelwal A, Mani K, Karigerasi M H, et al. Phosphorene - The two-dimensional black phosphorous: Properties, synthesis and applications ［J］. Materials ence and Engineering, 2017, 221 (JUL.): 17-34.

［97］ Li L, Yu Y, Ye G J, et al. Black phosphorus field-effect transistors ［J］. Nature Nanotechnology, 2014, 9 (5): 372-377.

［98］ Sun Z, Xie H, Tang S, et al. Ultrasmall black phosphorus quantum dots: synthesis and use as photothermal agents ［J］. Angewandte Chemie International Edition, 2015, 54 (39): 11526-11530.

［99］ Qiu M, Wang D, Liang W, et al. Novel concept of the smart NIR-light-controlled drug release of black phosphorus nanostructure for cancer therapy ［J］. Proceedings of the National Academy of Sciences of the United States of America, 2018: 201714421-201714431.

［100］ Tao W, Zhu X, Yu X, et al. Black phosphorus nanosheets as a robust delivery platform for cancer theranostics ［J］. Advanced Materials, 2017, 29 (1): 1603276.

［101］ Shao J, Xie H, Huang H, et al. Biodegradable black phosphorus-based nanospheres for in vivo photothermal cancer therapy ［J］. Nature Communications, 2016, 7 (1): 12967-129616.

[102] Sun Z, Zhao Y, Li Z, et al. TiL4-coordinated black phosphorus quantum dots as an efficient contrast agent for in vivo photoacoustic imaging of cancer [J]. Small, 2017, 13 (11): 1602896-16028917.

[103] Li L, Kim J, Jin C, et al. Direct observation of the layer-dependent electronic structure in phosphorene [J]. Nature Nanotechnology, 2016, 12: 21-25.

[104] Zhang R, Zhou X Y, Zhang D, et al. Electronic and magneto-optical properties of monolayer phosphorene quantum dots [J]. 2D Materials, 2015, 2 (4): 045012-045023.

[105] Xia F, Wang H, Jia Y. Rediscovering black phosphorus as an anisotropic layered material for optoelectronics and electronics [J]. Nature Communications, 2014, 5: 4458-4463.

[106] Luo Z, Maassen J, Deng Y, et al. Anisotropic in-plane thermal conductivity observed in few-layer black phosphorus [J]. Nature Communications, 2015, 6: 8572-85712.

[107] Wei Q, Peng X. Superior mechanical flexibility of phosphorene and few-layer black phosphorus [J]. Applied Physics Letters, 2014, 104 (25): 251915. 1-251915. 5.

[108] Andrew, Cupo, Vincent, et al. Quantum confinement in black phosphorus-based nanostructures [J]. Journal of physics. Condensed matter: an Institute of Physics journal, 2017: 98-103.

[109] Tran V, Fei R, Yang L. Quasiparticle energies, excitons, and optical spectra of few-layer black phosphorus [J]. 2D Materials, 2015, 2 (4): 044014.

[110] Viti L, Hu J, Coquillat D, et al. Black phosphorus terahertz photodetectors [J]. Advanced Materials, 2015 (27): 912-118.

[111] Yang H, Jussila H, Autere A, et al. Optical waveplates based on birefringence of anisotropic two-dimensional layered materials [J]. ACS Photonics, 2017, 4 (12): 3023-3030.

[112] Li D, Jussila H, Karvonen L, et al. Ultrafast pulse generation with black phosphorus [J], 2015: 912-923.

[113] Yantao, Chen, Ren, et al. Field-effect transistor biosensors with two-dimensional black phosphorus nanosheets [J]. Biosensors & Bioelectronics, 2017: 39-49.

[114] Koenig S P, Doganov R A, Schmidt H, et al. Electric field effect in ultrathin black phosphorus [J]. Applied Physics Letters, 2014, 104 (10): 1-4.

[115] Liu H, Du Y, Deng Y, et al. Semiconducting black phosphorus: synthesis, transport properties and electronic applications [J]. Chemical Society Reviews, 2015, 46 (27): 2732-2743.

[116] Du J, Zhang M, Guo Z, et al. Phosphorene quantum dot saturable absorbers for ultrafast fiber lasers [J]. Scientific Reports, 2017, 7: 42357-42362.

[117] Liu J, Liu J, Guo Z, et al. Dual-wavelength Q-switched Er: SrF$_2$ laser with a black phosphorus absorber in the mid-infrared region [J]. Optics Express, 2016, 24 (26): 30289-30295.

[118] Wang K, Szyd Owska B M, Wang G, et al. Ultrafast nonlinear excitation dynamics of black phosphorus nanosheets from visible to mid-Infrared [J]. ACS Nano, 2016, 12: 6923-6932.

[119] Luo Z C, Liu M, Guo Z N, et al. Microfiber-based few-layer black phosphorus saturable absorber for ultra-fast fiber laser [J]. Optics Express, 2015, 23 (15): 20030-20039.

[120] Lu S B, Miao L L, Guo Z N, et al. Broadband nonlinear optical response in multi-layer black phosphorus: an emerging infrared and mid-infrared optical material [J]. Optics Express, 2015, 23 (9): 11183-11194.

[121] Yang Y, Gao J, Zhang Z, et al. Black phosphorus based photocathodes in wideband bifacial dye-sensitized solar Cells [J]. Advanced Materials, 2016: 42-51.

[122] Rahman M Z, Chi W K, Davey K, et al. Correction: 2D phosphorene as a water splitting photocatalyst: fundamentals to applications [J]. Energy & Environmental Science, 2016, 9 (3): 1513-1514.

[123] Huo C, Zhong Y, Song X, et al. 2D materials via liquid exfoliation: a review on fabrication and applications [J]. Science Bulletin, 2015, 060 (23): 1994-2008.

[124] Wu Z, Ni Z. Spectroscopic investigation of defects in two dimensional materials [J]. Nanophotonics, 2016, 6 (6): 1219-1237.

[125] Zhao H, Zhang W, Liu Z, et al. Insights into the intracellular behaviors of black-phosphorus-based nanocomposites via surface-enhanced Raman spectroscopy [J]. Nanophotonics, 2018, 7 (10): 1651-1662.

[126] Surrente A, Mitioglu A A, Galkowski K, et al. Onset of exciton-exciton annihilation in single layer black phosphorus [J]. Physical Review B, 2016, 94 (7): 075425-075430.

[127] Meng S, Shi H, Jiang H, et al. Anisotropic charge carrier and coherent acoustic phonon dynamics of black phosphorus studied by transient absorption microscopy [J]. The Journal of Physical Chemistry C, 2019, 123 (32): 20051-20058.

[128] Guo Z, Han Z, Lu S, et al. From black phosphorus to phosphorene: basic solvent exfoliation, evolution of raman scattering, and applications to ultrafast photonics [J]. Advanced Functional Materials, 2015, 25 (45): 6996-7002.

[129] Ge, Yanqi, Xu, et al. Size-dependent nonlinear optical properties of black phosphorus nanosheets and their applications in ultrafast photonics [J]. Journal of Materials Chemistry, C. materials for optical and electronic devices, 2017, 5: 3007-3013.

[130] Wang H, Jiang S, Shao W, et al. Optically switchable photocatalysis in ultrathin black phosphorus nanosheets [J]. Journal of the American Chemical Society, 2018, 140 (9): 3474-3480.

[131] Qiao J, Kong X, Hu Z X, et al. High-mobility transport anisotropy and linear dichroism in few-layer black phosphorus [J]. Nature Communications, 2014, 5: 4475-44716.

[132] Wang K, Szyd? Owska B M, Wang G, et al. Ultrafast nonlinear excitation dynamics of black phosphorus nanosheets from visible to mid-infrared [J]. Acs Nano, 2016: acsnano. 6b02770.

[133] Uddin S, Debnath P C, Park K, et al. Nonlinear black phosphorus for ultrafast optical switching [J]. Scientific Reports, 2017, 7: 43371.

［134］ Zheng J, Yang Z, Si C, et al. Black phosphorus based all-optical-signal-processing: toward high performances and enhanced stability ［J］. Acs Photonics, 2017, 4 (6): 567-579.

［135］ Liu X, Li D, Sun X, et al. Tunable dipole surface plasmon resonances of silver nanoparticles by cladding dielectric layers ［J］. Sci Rep, 2015, 5: 12555.

［136］ Li D, Del Rio Castillo A E, Jussila H, et al. Black phosphorus polycarbonate polymer composite for pulsed fibre lasers ［J］. Applied Materials Today, 2016, 4: 17-23.

［137］ Hu G, Albrow-Owen T, Jin X, et al. Black phosphorus ink formulation for inkjet printing of optoelectronics and photonics ［J］. Nature Communications, 2017, 8 (1): 278-288.

［138］ Youngblood N, Peng R, Nemilentsau A, et al. Layer-Tunable third-harmonic generation in multilayer black phosphorus ［J］. ACS Photonics, 2017, 4 (1): 8-14.

［139］ Niu X H, Li Y, Shu H, et al. Anomalous size dependence of optical properties in black phosphorus quantum Dots ［J］. Journal of Physical Chemistry Letters, 2016, 7 (3): 370-781.

［140］ Rodrigues M, de Matos C J S, Ho Y W, et al. Resonantly increased optical frequency conversion in atomically thin black phosphorus ［J］. Advanced Materials, 2016, 28 (48): 10693-10702.

［141］ Li L, Kim J, Jin C, et al. Direct observation of the layer-dependent electronic structure in phosphorene ［J］. Nature Nanotechnology, 2016: 234-245.

［142］ Liu H, Neal A T, Zhu Z, et al. Phosphorene: An unexplored 2D semiconductor with a high hole mobility ［J］. Acs Nano, 2014, 8 (4): 4033-4041.

［143］ Qiao J S, Kong X H, Hu Z X, et al. High-mobility transport anisotropy and linear dichroism in few-layer black phosphorus ［J］. Nature Communications, 2014 (5): 364-573.

［144］ Li L K, Yu Y J, Ye G J, et al. Black phosphorus field-effect transistors ［J］. Nature Nanotechnology, 2014, 9 (5): 372-377.

［145］ Zheng J, Yang Z, Si C, et al. Black phosphorus based all-optical-signal-processing: toward high performances and enhanced stability ［J］. ACS Photonics, 2017, 4 (6): 1466-1476.

［146］ Liu X, Li D, Sun X, et al. Tunable dipole surface plasmon resonances of silver nanoparticles by cladding dielectric layers ［J］. Scientific Reports, 2015, 5: 12555-12560.

［147］ Wood J D, Wells S A, Jariwala D, et al. Effective passivation of exfoliated black phosphorus transistors against ambient degradation ［J］. Nano Letters, 2014, 14 (12): 6964-6970.

［148］ Xia F N, Wang H, Jia Y C. Rediscovering black phosphorus as an anisotropic layered material for optoelectronics and electronics ［J］. Nature Communications, 2014 (5): 578-587.

［149］ Li D A, Jussila H, Karvonen L, et al. Polarization and thickness dependent absorption properties of black phosphorus: new saturable absorber for ultrafast pulse generation ［J］. Scientific Reports, 2015 (5): 897-908.

［150］ Zheng X, Chen R Z, Shi G, et al. Characterization of nonlinear properties of black phosphorus nanoplatelets with femtosecond pulsed Z-scan measurements ［J］. Optics Letters, 2015, 40 (15): 3480-3483.

[151] Uddin S, Debnath P C, Park K, et al. Nonlinear black phosphorus for ultrafast optical switching [J]. Scientific Reports, 2017 (7): 54-67.

[152] Mu H R, Lin S H, Wang Z C, et al. Black phosphorus-polymer composites for pulsed lasers [J]. Advanced Optical Materials, 2015, 3 (10): 1447-1453.

[153] Li D, Castillo A E D, Jussila H, et al. Black phosphorus polycarbonate polymer composite for pulsed fibre lasers [J]. Applied Materials Today, 2016, 4: 17-23.

[154] Wood J D, Wells S A, Jariwala D, et al. Effective passivation of exfoliated black phosphorus transistors against ambient degradation [J]. Nano Letters, 2014, 14 (12): 6964-6970.

[155] Island J O, Steele G A, van der Zant H S J, et al. Environmental instability of few-layer black phosphorus [J]. 2d Materials, 2015, 2 (1): 36-47.

[156] Zhang M, Wu Q, Zhang F, et al. 2D black phosphorus saturable absorbers for ultrafast photonics [J]. Advanced Optical Materials, 2019, 7 (1): 1800224.1-1800224.18.

[157] Dongsoo, Na, Kichul, et al. Passivation of black phosphorus saturable absorbers for reliable pulse formation of fiber lasers [J]. Nanotechnology, 2017: 475207-475213.

[158] Zheng J L, Yang Z H, Si C, et al. Black phosphorus based all-optical-signal-processing: Toward high performances and enhanced stability [J]. Acs Photonics, 2017, 4 (6): 1466-1476.

[159] Wang H, Yang X, Shao W, et al. Ultrathin black phosphorus nanosheets for efficient singlet oxygen generation [J]. Journal of the American Chemical Society, 2015, 137 (35): 11376-11382.

[160] Chen W, Ouyang J, Liu H, et al. Black phosphorus nanosheet-based drug delivery system for synergistic photodynamic/photothermal/chemotherapy of cancer [J]. Advanced Materials, 2017, 29 (5): 1603864.1-1603864.7.

[161] Qiu M, Wang D, Liang W, et al. Novel concept of the smart NIR-light-controlled drug release of black phosphorus nanostructure for cancer therapy [J]. Proceedings of the National Academy of Sciences of the United States of America, 2018: 501-506.

[162] Li Y L, Rao Y, Mak K F, et al. Probing symmetry properties of few-layer MoS_2 and h-BN by optical second-harmonic generation [J]. Nano Letters, 2013, 13 (7): 3329-3333.

[163] Wang K P, Wang J, Fan J T, et al. Ultrafast saturable absorption of two-dimensional MoS_2 Nanosheets [J]. Acs Nano, 2013, 7 (10): 9260-9267.

[164] Kuc A, Zibouche N, Heine T. Influence of quantum confinement on the electronic structure of the transition metal sulfide TS_2 [J]. Physical Review B, 2011, 83 (24): 245213-245221.

[165] Zhang Y, Chang T-R, Zhou B, et al. Direct observation of the transition from indirect to direct bandgap in atomically thin epitaxial $MoSe_2$ [J]. Nature Nanotechnology, 2014, 9 (2): 111-115.

[166] Dhakal K P, Duong D L, Lee J, et al. Confocal absorption spectral imaging of MoS_2: optical

transitions depending on the atomic thickness of intrinsic and chemically doped MoS_2 [J]. Nanoscale, 2014, 6: 13028-13035.

[167] Baugher B W H, Churchill H O H, Yang Y F, et al. Optoelectronic devices based on electrically tunable p-n diodes in a monolayer dichalcogenide [J]. Nature Nanotechnology, 2014, 9 (4): 262-267.

[168] 秦梓喻. 二维层状 WS_2 的可控制备、微结构调控及其室温 NH_3 气敏性能研究 [D]. 武汉: 华中科技大学, 2019.

[169] Kuc A, Zibouche N, Heine T. Influence of quantum confinement on the electronic structure of the transition metal sulfide TS_2 [J]. Phys. rev. b, 2011, 83 (24): 2237-2249.

[170] Liu L, Kumar S B, Ouyang Y, et al. Performance limits of monolayer transition metal dichalcogenide transistors [J]. Electron Devices, IEEE Transactions on, 2011, 58 (9): 3042-3047.

[171] C. , Ataca, H. , et al. Stable, Single-layer MX_2 transition-metal oxides and dichalcogenides in a honeycomb-like structure [J]. The Journal of Physical Chemistry C, 2012: 507-576.

[172] Kuc A, Zibouche N, Heine T. Influence of quantum confinement on the electronic structure of the transition metal sulfide TS_2 [J]. Physical Review B, 2011, 83 (24): 245213-245223.

[173] Radisavljevic B, Radenovic A, Brivio J, et al. Single-layer MoS_2 transistors [J]. Nature Nanotechnology, 2011, 6 (3): 147-150.

[174] Baugher B W H, Churchill H O H, Yang Y, et al. Intrinsic electronic transport properties of high-quality monolayer and bilayer MoS_2 [J]. Nano Letters, 2013: 986-990.

[175] Eda G, Maier S A. Two-dimensional crystals: managing light for optoelectronics [J]. ACS Nano, 2013, 7 (7): 5660-5665.

[176] Yang L, Majumdar K, Liu H, et al. Chloride molecular doping technique on 2D materials: WS_2 and MoS_2 [J]. Nano Letters, 2014, 14 (11): 678-687.

[177] Lee H S, Min S W, Chang Y G, et al. MoS $_2$ nanosheet phototransistors with thickness-modulated optical energy gap [J]. Nano Letters, 2012, 12 (7): 3695-3700.

[178] Wu K, Zhang X, Wang J, et al. WS_2 as a saturable absorber for ultrafast photonic applications of mode-locked and Q-switched lasers [J]. Optics Express, 2015, 23 (9): 11453.

[179] Janisch C, Mehta N, Ma D, et al. Ultrashort optical pulse characterization using WS2 monolayers [J]. Optics Letters, 2014, 39 (2): 383-385.

[180] Zhu X, Chen S, Zhang M, et al. TiS_2-based saturable absorber for ultrafast fiber lasers [J]. Photonics Research, 2018, 6: C44.

[181] Xiao D, Liu G B, Feng W, et al. Coupled spin and valley physics in monolayers of MoS_2 and other group-VI dichalcogenides [J]. Physical Review Letters, 2012, 108 (19): 196802-196801.

[182] Liu L, Kumar S B, Ouyang Y, et al. Performance limits of monolayer transition metal dichal-

cogenide transistors [J]. IEEE Transactions on Electron Devices, 2011, 58 (9): 543-555.

[183] Cheng J X, Jiang T, Ji Q Q, et al. Kinetic nature of grain boundary formation in As-grown MoS_2 monolayers [J]. Advanced Materials, 2015, 27 (27): 4069-4074.

[184] Zhang H, Lu S B, Zheng J, et al. Molybdenum disulfide (MoS_2) as a broadband saturable absorber for ultra-fast photonics [J]. Optics Express, 2014, 22 (6): 7249-7260.

[185] Dhakal K P, Duong D L, Lee J, et al. Confocal absorption spectral imaging of MoS_2: optical transitions depending on the atomic thickness of intrinsic and chemically doped MoS_2 [J]. Nanoscale, 2014 (6): 4334-4345.

[186] Ceballos F, Bellus M Z, Chiu H Y, et al. Ultrafast charge separation and indirect exciton formation in a MoS_2-$MoSe_2$ van der waals heterostructure [J]. Acs Nano, 2014, 8 (12): 12717-12724.

[187] Huang Y Z, Luo Z Q, Li Y Y, et al. Widely-tunable, passively Q-switched erbium-doped fiber laser with few-layer MoS_2 saturable absorber [J]. Optics Express, 2014, 22 (21): 25258-25266.

[188] Janisch C, Wang Y X, Ma D, et al. Extraordinary second harmonic generation in tungsten disulfide monolayers [J]. Scientific Reports, 2014 (4): 546-556.

[189] Jin Z, Li X, Mullen J T, et al. Intrinsic transport properties of electrons and holes in monolayer transition metal dichalcogenides [J]. Physics, 2014, 90 (4): 55-58.

[190] Chernikov A, Berkelbach T C, Hill H M, et al. Exciton binding energy and nonhydrogenic rydberg series in monolayer WS_2 [J]. Physical Review Letters, 2014, 113 (7): 076802. 1-076802. 5.

[191] Lee S H, Lee D, Wan S H, et al. High-performance photocurrent generation from two-dimensional WS_2 field-effect transistors [J]. Applied Physics Letters, 2014, 104 (19): 193113. 1-193113. 5.

[192] Perea-López N, Lin Z, Pradhan N R, et al. CVD-grown monolayered MoS_2 as an effective photosensor operating at low-voltage [J]. 2d Materials, 2014, 1 (1): 011004.

[193] Day J K, Chung M H, Lee Y H, et al. Microcavity enhanced second harmonic generation in 2D MoS_2 [J]. Optical Materials Express, 2016, 6 (7): 2360-2365.

[194] Shanmugam M, Bansal T, Durcan C A, et al. Schottky-barrier solar cell based on layered semiconductor tungsten disulfide nanofilm [J]. Applied Physics Letters, 2012, 101 (26): 1-5.

[195] Ge J, Tang L J, Xi Q, et al. A WS_2 nanosheet based sensing platform for highly sensitive detection of T4 polynucleotide kinase and its inhibitors [J]. Nanoscale, 2014, 6 (12): 6866-6876.

[196] Chen W, Puttisong Y, Wang X J, et al. Extraordinary room-temperature spin functionality in a non-magnetic semiconductor [J]. 2013.

[197] Jo S, Ubrig N, Berger H, et al. Mono- and bilayer WS_2 Light-Emitting Transistors [J]. 2014: 454-467.

［198］ Clark D J, Le C T, Senthilkumar V, et al. Near bandgap second-order nonlinear optical characteristics of MoS₂ monolayer transferred on transparent substrates ［J］. Applied Physics Letters, 2015, 107 (13)：8776-8787.

［199］ Plechinger G, Nagler P, Kraus J, et al. Identification of excitons, trions and biexcitons in single-layer WS₂ ［J］. Physica Status Solidi-Rapid Research Letters, 2015, 9 (8)：457-461.

［200］ Zhang S F, Dong N N, McEvoy N, et al. Direct observation of degenerate two-photon absorption and its saturation in WS₂ and MoS₂ mono layer and few-layer films ［J］. Acs Nano, 2015, 9 (7)：7142-7150.

［201］ Le C T, Clark D J, Ullah F, et al. Nonlinear optical characteristics of monolayer MoSe₂ ［J］. Annalen Der Physik, 2016, 528 (7-8)：551-559.

［202］ He K, Kumar N, Zhao L, et al. Tightly bound excitons in monolayer WSe₂ ［J］. Physical Review Letters, 2014, 113 (2)：026803-026822.

［203］ Mak K F, He K, Lee C, et al. Tightly bound trions in monolayer MoS₂ ［J］. Nature Materials, 2013, 12 (3)：207-211.

［204］ Chernikov A, Berkelbach T C, Hill H M, et al. Exciton binding energy and nonhydrogenic rydberg series in monolayer WS₂ ［J］. Physical Review Letters, 2014, 113 (7)：076802. 1-076802. 5.

［205］ Jo S, Ubrig N, Berger H, et al. Mono and bilayer WS₂ light-emitting transistors ［J］. Nano Letters, 2014, 24 (4)：2019-2025.

［206］ Wu K, Zhang X, Wang J, et al. WS₂ as a saturable absorber for ultrafast photonic applications of mode-locked and Q-switched lasers ［J］. Optics Express, 2015, 23 (9)：11453-11461.

［207］ Zhu X, Chen S, Zhang M, et al. TiS₂-based saturable absorber for ultrafast fiber lasers ［J］. Photonics Research, 2018, 6 (10)：C44-C48.

［208］ Xiao D, Liu G B, Feng W, et al. Coupled spin and valley physics in monolayers of MoS₂ and other group-VI dichalcogenides ［J］. Physical Review Letters, 2012, 108 (19)：196802-196801.

［209］ Neto A C, Novoselov K. New directions in science and technology：two-dimensional crystals ［J］. Reports on Progress in Physics, 2011, 74 (8)：082501-082511.

［210］ Liu H, Luo A-P, Wang F-Z, et al. Femtosecond pulse erbium-doped fiber laser by a few-layer MoS₂ saturable absorber ［J］. Optics letters, 2014, 39 (15)：4591-4594.

［211］ Chen B, Zhang X, Wu K, et al. Q-switched fiber laser based on transition metal dichalcogenides MoS₂, MoSe₂, WS₂, and WSe₂ ［J］. Optics express, 2015, 23 (20)：26723-26737.

［212］ Salehzadeh O, Djavid M, Tran N H, et al. Optically pumped two-dimensional MoS₂ lasers operating at room-temperature ［J］. Nano Letters, 2015, 15 (8)：5302-5306.

[213] Srivastava A, Sidler M, Allain A V, et al. Optically active quantum dots in monolayer WSe$_2$ [J]. Nature Nanotechnology, 2015, 10 (6): 491-496.

[214] Fu X, Qian J, Qiao X, et al. Nonlinear saturable absorption of vertically stood WS$_2$ nanoplates [J]. Optics letters, 2014, 39 (22): 6450-6453.

[215] Zhang S, Dong N, McEvoy N, et al. Direct observation of degenerate two-photon absorption and its saturation in WS$_2$ and MoS$_2$ monolayer and few-layer films [J]. ACS nano, 2015, 9 (7): 7142-7150.

[216] Dong N, Li Y, Feng Y, et al. Optical limiting and theoretical modelling of layered transition metal dichalcogenide nanosheets [J]. Scientific reports, 2015, 5: 14646-14654.

[217] Long H, Tao L, Tang C Y, et al. Tuning nonlinear optical absorption properties of WS$_2$ nanosheets [J]. Nanoscale, 2015, 7 (42): 17771-17777.

[218] Wang G, Li L, Fan W, et al. Interlayer coupling induced infrared response in WS$_2$/MoS$_2$ heterostructures enhanced by surface plasmon resonance [J]. Advanced Functional Materials, 2018, 28 (22): 1800339-1800348.

[219] Wang C Y, Guo G Y. Nonlinear optical properties of transition-metal dichalcogenide MX$_2$(M = Mo, W; X=S, Se)monolayers and trilayers from first-principles calculations [J]. Journal of Physical Chemistry C, 2015, 119 (23): 13268-13276.

[220] Wang G, Marie X, Gerber I, et al. Giant enhancement of the optical second-harmonic emission of WSe$_2$ monolayers by laser excitation at exciton resonances [J]. Physical Review Letters, 2015, 114 (9): 5567-5576.

[221] Zhou K-G, Zhao M, Chang M-J, et al. Size-dependent nonlinear optical properties of atomically thin transition metal dichalcogenide nanosheets [J]. Small, 2015, 11 (6): 694-701.

[222] Mak K F, Shan J. Photonics and optoelectronics of 2D semiconductor transition metal dichalcogenides [J]. Nature Photonics, 2016, 10 (4): 216-226.

[223] Ge Y Q, Zhu Z F, Xu Y H, et al. Broadband nonlinear photoresponse of 2D TiS$_2$ for ultrashort pulse generation and all-optical thresholding devices [J]. Advanced Optical Materials, 2018, 6 (4): 10-21.

[224] Wang S X, Yu H H, Zhang H J, et al. Broadband few-layer MoS$_2$ saturable absorbers [J]. Advanced Materials, 2014, 26 (21): 3538-3544.

[225] Ma X Z, Liu Q S, Xu D, et al. Capillary-force-assisted clean-stamp transfer of two-dimensional materials [J]. Nano Letters, 2017, 17 (11): 6961-6967.

[226] Liu W J, Liu M L, Han H N, et al. Nonlinear optical properties of WSe$_2$ and MoSe$_2$ films and their applications in passive Q-switched erbium doped fiber lasers [J]. Photonics Research, 2018, 6 (10): C15-C21.

[227] Yang J, Lu T Y, Myint Y W, et al. Robust excitons and trions in monolayer MoTe$_2$ [J]. Acs Nano, 2015, 9 (6): 6603-6609.

[228] Yu H K, Talukdar D, Xu W G, et al. Charge-induced second-harmonic generation in bilayer

WSe$_2$［J］. Nano Letters, 2015, 15（8）: 5653-5657.

［229］ Wei R, Tian X, Zhang H, et al. Facile synthesis of two-dimensional WS$_2$ with reverse satura-ble absorption and nonlinear refraction properties in the PMMA matrix［J］. Journal of Alloys and Compounds, 2016, 684: 224-229.

［230］ Dong N, Li Y, Zhang S, et al. Dispersion of nonlinear refractive index in layered WS$_2$ and WSe$_2$ semiconductor films induced by two-photon absorption［J］. Optics letters, 2016, 41（17）: 3936-3939.

［231］ 李晓鹏. 基于二维过渡金属碳氮化物柔性传感器的制备及其性能研究［D］. 北京: 北京化工大学, 2019.

［232］ Liu X, Guo Q, Qiu J. Emerging low-dimensional materials for nonlinear optics and ultrafast photonics［J］. Advanced Materials, 2017, 29（14）: 1605886-1605909.

［233］ Anasori B, Lukatskaya M R, Gogotsi Y. 2D metal carbides and nitrides（MXenes）for energy storage［J］. Nature Reviews Materials, 2017, 2（2）: 16098-18114.

［234］ Frey N C, Wang J, Bellido G I V, et al. Prediction of synthesis of 2D metal carbides and ni-trides（MXenes）and their precursors with positive and unlabeled machine learning［J］. ACS Nano, 2019, 13（3）: 3031-3041.

［235］ Pan J, Lany S, Qi Y. Computationally driven two-dimensional materials design: What is next?［J］. ACS Nano, 2017, 11（8）: 7560-7564.

［236］ Lashgari H, Abolhassani M R, Boochani A, et al. Electronic and optical properties of 2D gra-phene-like compounds titanium carbides and nitrides: DFT calculations［J］. Solid State Com-munications, 2014, 195: 61-69.

［237］ Bai Y, Zhou K, Srikanth N, et al. Dependence of elastic and optical properties on surface ter-minated groups in two-dimensional MXene monolayers: a first-principles study［J］. RSC Ad-vances, 2016, 6（42）: 35731-35739.

［238］ Lee Y, Hwang Y, Cho S B, et al. Achieving a direct band gap in oxygen functionalized-mon-olayer scandium carbide by applying an electric field［J］. Physical Chemistry Chemical Physics, 2014, 16（47）: 26273-26278.

［239］ Lee Y, Cho S B, Chung Y. Tunable indirect to direct band gap transition of monolayer Sc$_2$Co$_2$ by the strain effect［J］. ACS Applied Materials & Interfaces, 2014, 6（16）: 14724-14728.

［240］ Jhon Y I, Koo J, Anasori B, et al. Metallic MXene saturable absorber for femtosecond mode-locked lasers［J］. Advanced Materials, 2017, 29（40）: 1702496. 1-1702496. 8.

［241］ Xu C, Wang L, Liu Z, et al. Large-area high-quality 2D ultrathin Mo$_2$C superconducting crystals［J］. Nature Materials, 2015, 14（11）: 1135-1141.

［242］ Dillon A D, Ghidiu M J, Krick A L, et al. Highly conductive optical quality solution-processed films of 2D titanium carbide［J］. Advanced Functional Materials, 2016, 26（23）: 4162-4168.

［243］ Jiang X, Kuklin A V, Baev A, et al. Two-dimensional MXenes: From morphological to optical, electric, and magnetic properties and applications [J]. Physics Reports, 2020: 4456-4465.

[244] Zhang Q X, Wang F, Zhang H X, et al. Universal Ti₃C₂ MXenes based self-standard ratiometric fluorescence resonance energy transfer platform for highly sensitive detection of exosomes [J]. Analytical Chemistry, 2018, 90 (21): 12737-12744.

[245] Wu L M, Jiang X T, Zhao J L, et al. MXene-based nonlinear optical information converter for all-optical modulator and switcher [J]. Laser & Photonics Reviews, 2018, 12 (12): 5454-5465.

[246] Tuo M F, Xu C, Mu H R, et al. Ultrathin 2D transition metal carbides for ultrafast pulsed fiber lasers [J]. Acs Photonics, 2018, 5 (5): 1808-1816.

[247] Anasori B, Luhatskaya M R, Gogotsi Y. 2D metal carbides and nitrides (MXenes) for energy storage [J]. Nature Reviews Materials, 2017, 16 (10app.): 34-50.

[248] Lei J-C, Zhang X, Zhou Z. Recent advances in MXene: Preparation, properties, and applications [J]. Frontiers of Physics, 2015, 10 (3): 276-286.

[249] Naguib M, Mochalin V N, Barsoum M W, et al. 25th anniversary article: MXenes: A new family of two-dimensional materials [J]. Advanced Materials, 2014, 26 (7): 992-1005.

[250] Tang X, Guo X, Wu W, et al. 2D metal carbides and nitrides (MXenes) as high-performance electrode materials for lithium-based batteries [J]. Advanced energy materials, 2018, 8 (33): 1801897. 1-1801897. 21.

[251] Anasori B, Lukatskaya M R, Gogotsi Y. 2D metal carbides and nitrides (MXenes) for energy storage [J]. Nature Reviews Materials, 2017, 2 (2): 8876-8887.

[252] Wang H, Wu Y, Yuan X, et al. Clay-inspired MXene-based electrochemical devices and photo-electrocatalyst: state-of-the-art progresses and challenges [J]. Advanced Materials, 2018, 30 (12): 1704561. 1-1704561. 28.

[253] Sinha A, Dhanjai, Zhao H, et al. MXene: an emerging material for sensing and biosensing [J]. TrAC Trends in Analytical Chemistry, 2018, 105: 424-435.

[254] Sarycheva A, Makaryan T, Maleski K, et al. Two-dimensional titanium carbide (MXene) as surface-enhanced raman scattering substrate [J]. Journal of Physical Chemistry C, 2017, 121 (36): 19983-19988.

[255] Lee E, Mohammadi A V, Prorok B C, et al. Room temperature gas sensing of two-dimensional titanium carbide (MXene) [J]. Acs Applied Materials & Interfaces, 2017, 9 (42): 37184-37190.

[256] Khazaei M, Ranjbar A, Arai M, et al. Electronic properties and applications of MXenes: a theoretical review [J]. Journal of Materials Chemistry C, 2017, 5 (10): 2488-2503.

[257] Huang K, Li Z, Lin J, et al. Two-dimensional transition metal carbides and nitrides (MXenes) for biomedical applications [J]. Chemical Society Reviews, 2018, 47 (14): 5109-5124.

［258］ Han, Lin, Yu, et al. Insights into 2D MXenes for versatile biomedical applications: current advances and challenges ahead［J］. Advanced Science, 2018: 20: 4476-4487.

［259］ Soleymaniha M, Shahbazi M-A, Rafieerad A R, et al. Promoting role of MXene nanosheets in biomedical sciences: therapeutic and biosensing innovations［J］. Advanced Healthcare Materials, 2019, 8 (1): 1801137.

［260］ Liu J, Jiang X T, Zhang R Y, et al. MXene-enabled electrochemical microfluidic biosensor: applications toward multicomponent continuous monitoring in whole blood［J］. Advanced Functional Materials, 2019, 29 (6): 2224-2235.

［261］ Guo Y, Zhong M J, Fang Z W, et al. A wearable transient pressure sensor made with MXene nanosheets for sensitive broad-range human-machine interfacing［J］. Nano Letters, 2019, 19 (2): 1143-1150.

［262］ Zhang C J, Anasori B, Seral-Ascaso A, et al. Transparent, flexible, and conductive 2D titanium carbide (MXene) films with high volumetric capacitance［J］. Advanced Materials, 2017: 1702678.

［263］ Hantanasirisakul K, Gogotsi Y. Electronic and optical properties of 2D transition metal carbides and nitrides (MXenes)［J］. Advanced Materials, 2018: 1804779.

［264］ Gao G, Ding G, Li J, et al. Monolayer MXenes: promising half-metals and spin gapless semiconductors［J］. Nanoscale, 2016 (8): 5567-5578.

［265］ Kumar H, Frey N C, Dong L, et al. Tunable magnetism and transport properties in nitride MXenes［J］. Acs Nano, 2017: 7648-7655.

［266］ Jiang X T, Zhang L J, Liu S X, et al. Ultrathin metal-organic framework: An emerging broadband nonlinear optical material for ultrafast photonics［J］. Advanced Optical Materials, 2018, 6 (16): 2743-2755.

［267］ Driscoll N, Richardson A G, Maleski K, et al. Two-dimensional Ti_3C_2 MXene for high-resolution neural interfaces［J］. Acs Nano, 2018, 12 (10): 10419-10429.

［268］ Kim S J, Koh H J, Ren C E, et al. Metallic Ti_3C_2TX MXene gas sensors with ultrahigh signal-to-noise ratio［J］. Acs Nano, 2018, 12 (2): 986-993.

［269］ Ge Y Q, Zhu Z F, Xu Y H, et al. Broadband nonlinear photoresponse of 2D TiS_2 for ultrashort pulse generation and all-optical thresholding devices［J］. Advanced Optical Materials, 2018, 6 (4): 3332-3343.

［270］ Jiang X, Liu S, Liang W, et al. Broadband nonlinear photonics in few-layer MXene Ti_3C_2Tx (T = F, O, or OH)［J］. Laser & Photonics Review, 2018, 12 (2): 1700229-17002213.

［271］ Zhang C, Zhang F, Fan X W, et al. Passively Q-switched operation of in-band pumped Ho: YLF based on $Ti_3C_2T_x$ MXene［J］. Infrared Physics & Technology, 2019, 103: 6-18.

［272］ Zhang C F, Anasori B, Seral-Ascaso A, et al. Transparent, flexible, and conductive 2D titanium carbide (MXene) films with high volumetric capacitance［J］. Advanced Materials,

2017, 29 (36): 5678-5687.

[273] An H S, Habib T, Shah S, et al. Surface-agnostic highly stretchable and bendable conductive MXene multilayers [J]. Science Advances, 2018, 4 (3): 753-763.

[274] Xin Y, Yu Y X. Possibility of bare and functionalized niobium carbide MXenes for electrode materials of supercapacitors and field emitters [J]. Materials & Design, 2017, 130: 512-520.

[275] Jiang X, Liu S, Liang W, et al. Broadband nonlinear photonics in few-layer MXene $Ti_3C_2T_x$ (T = F, O, or OH) [J]. Laser & Photonics Reviews, 2018, 12 (2): 1700229-1700239.

[276] Dong Y C, Chertopalov S, Maleski K, et al. Saturable absorption in 2D Ti_3C_2 MXene thin films for passive photonic diodes [J]. Advanced Materials, 2018, 30 (10): 444-456.

[277] Dong N N, Li Y X, Feng Y Y, et al. Optical limiting and theoretical modelling of layered transition metal dichalcogenide nanosheets [J]. Scientific Reports, 2015 (5): 343-354.

[278] Huang D P, Xie Y, Lu D Z, et al. Demonstration of a white laser with V_2C MXene-based quantum dots [J]. Advanced Materials, 2019, 31 (24): 56767-56778.

[279] Hao Q, Liu J, Zhang Z, et al. Mid-infrared Er: CaF_2-SrF_2 bulk laser Q-switched by MXene $Ti_3C_2T_x$ absorber [J]. Applied Physics Express, 2019, 12 (8): 085506-085515.

[280] Song Y, Chen Y, Jiang X, et al. Nonlinear few-layer MXene-assisted all-optical wavelength conversion at telecommunication band [J]. Advanced Optical Materials, 2019, 7 (18): 1801777-1801786.

[281] Yang Q, Zhang F, Zhang N, et al. Few-layer MXene $Ti_3C_2T_x$ (T=F, O, or OH) saturable absorber for visible bulk laser [J]. Optical Materials Express, 2019, 9 (4): 1795-1802.

[282] Dong Y, Chertopalov S, Maleski K, et al. Saturable absorption in 2D Ti_3C_2 MXene thin films for passive photonic diodes [J]. Advanced Materials, 2018, 30 (10): 1705714.1-1705714.8.

[283] Feng X-Y, Ding B-Y, Liang W-Y, et al. MXene $Ti_3C_2T_x$ absorber for a 1.06μm passively Q-switched ceramic laser [J]. Laser Physics Letters, 2018, 15 (8): 085805-085809.

[284] Wang C, Wang Y Z, Jiang X T, et al. MXene $Ti_3C_2T_x$: A promising photothermal conversion material and application in all-optical modulation and all-optical information loading [J]. Advanced Optical Materials, 2019, 7 (12): 4576-4587.

[285] Jiang X T, Li W J, Hai T, et al. Inkjet-printed MXene micro-scale devices for integrated broadband ultrafast photonics [J]. NPJ 2D Materials and Applications, 2019, 3: 9-18.

[286] Zu Y Q, Zhang C, Guo X S, et al. A solid-state passively Q-switched Tm, Gd: CaF_2 laser with a $Ti_3C_2T_x$ MXene absorber near 2μm [J]. Laser Physics Letters, 2019, 16 (1): 015803-015808.

[287] Zu Y Q, Zhang C, Guo X S, et al. A solid-state passively Q-switched Tm, Gd: CaF_2 laser with a $Ti_3C_2T_x$ MXene absorber near 2 mu m [J]. Laser Physics Letters, 2019, 16 (1): 556-567.

［288］ Enyashin A, Ivanovskii A. Two-dimensional titanium carbonitrides and their hydroxylated de-rivatives: Structural, electronic properties and stability of MXenes $Ti_3C_2(OH)_2$ from DFTB calculations ［J］. Journal of Solid State Chemistry, 2013, 207: 42-48.

［289］ Dillon A D, Ghidiu M J, Krick A L, et al. Highly conductive optical quality solution-processed films of 2D titanium carbide ［J］. Advanced Functional Materials, 2016, 26 (23): 4162-4168.

［290］ Chen X, Sun X K, Xu W, et al. Ratiometric photoluminescence sensing based on Ti_3C_2 MX-ene quantum dots as an intracellular pH sensor ［J］. Nanoscale, 2018, 10 (3): 1111-1118.

［291］ Jhon Y I, Koo J, Anasori B, et al. Metallic MXene saturable absorber for femtosecond mode-locked lasers ［J］. Advanced Materials, 2017, 29 (40): 1702496-1702503.

［292］ Sheik-Bahae M, Said A A, Wei T, et al. Sensitive measurement of optical nonlinearities using a single beam ［J］. IEEE Journal of Quantum Electronics, 1990, 26 (4): 760-769.

［293］ 葛莉蓉. 半导体材料非线性动力学研究 ［D］. 苏州: 苏州大学, 2012.

［294］ Gao Y, Zhang X, Li Y, et al. Saturable absorption and reverse saturable absorption in plati-num nanoparticles ［J］. Optics Communications, 2005, 251 (4): 429-433.

［295］ 王祎然. 拓扑绝缘体及其他二维材料的可饱和吸收特性研究 ［D］. 济南: 山东大学, 2019: 21-22.

［296］ Zang W-P, Zhang C-P, Liu Z-B, et al. Nonlinear absorption and optical limiting properties of carbon disulfide in a short-wavelength region ［J］. Journal of the Optical Society of America B, 2007, 24 (5): 1101-1104.

［297］ Yang G, Shen Y R. Spectral broadening of ultrashort pulses in a nonlinear medium ［J］. Optics Letters, 1984, 9 (11): 510-512.

［298］ Corkum P B, Rolland C, Srinivasan-Rao T. Supercontinuum generation in gases ［J］. Physical Review Letters, 1986: 2268-2271.

［299］ Fork R L, Shank C V, Hirlimann C, et al. Femtosecond white-light continuum pulses ［J］. Optics Letters, 1983, 8 (1): 1-3.

［300］ 林春里. 飞秒非线性光吸收装置的搭建与应用 ［D］. 开封: 河南大学, 2019.

［301］ Prasankumar R P, Taylor A J. Optical techniques for solid-state materials characterization, in optical techniques for solid-state materials characterization ［M］. CRC Press, 2016.

［302］ Lui K P H, Hegmann F A. Ultrafast carrier relaxation in radiation-damaged silicon on sapphire studied by optical-pump-terahertz-probe experiments ［J］. Applied Physics Letters, 2001, 78 (22): 3478-3480.

［303］ Koetke J, Huber G. Infrared excited-state absorption and stimulated-emission cross sections of Er^{3+} doped crystals ［J］. Applied Physics B, 1995, 61 (2): 151-158.

［304］ Guyot-Sionnest P, Shim M, Matranga C, et al. Intraband relaxation in CdSe quantum dots ［J］. Physical Review B, 1999, 60 (4): 2181-2184.

［305］ Jundt C, Klein G, Sipp B, et al. Exciton dynamics in pentacene thin films studied by pumpprobe spectroscopy [J]. Chemical Physics Letters, 1995, 241 (1-2): 84-88.

[306] Shao Y, Chen C, Han J, et al. Wavelength-dependent nonlinear absorption and ultrafast dynamics process of WS₂ [J]. 2019, 2 (9): 2755-2763.

[307] Hao C, Wen F, Xiang J, et al. Liquid-exfoliated black phosphorous nanosheet thin films for flexible resistive random access memory applications [J]. Advanced Functional Materials, 2016, 26 (12): 2016-2024.

[308] Pathak T K, Swart H C, Kroon R E. Structural and plasmonic properties of noble metal doped ZnO nanomaterials [J]. Physica B Condensed Matter, 2018, 535 (15): 114-118.

[309] Zhang F, Wu Z, Wang Z, et al. Strong optical limiting behavior discovered in black phosphorus [J]. RSC Advances, 2016, 6 (24): 20027-20033.

[310] Huang J, Dong N, Zhang S, et al. Nonlinear absorption induced transparency and optical limiting of black phosphorus nanosheets [J]. ACS Photonics, 2017, 4 (12): 3063-3070.

[311] Xin, Zheng, Runze, et al. Characterization of nonlinear properties of black phosphorus nano-platelets with femtosecond pulsed Z-scan measurements [J]. Optics Letters, 2015, 40: 3480-3483.

[312] Wang Y, Huang G, Mu H, et al. Ultrafast recovery time and broadband saturable absorption properties of black phosphorus suspension [J]. Applied Physics Letters, 2015, 107 (9): 091905. 1-091905. 5.

[313] Meng X, Zhou Y, Chen K, et al. Anisotropic saturable and excited-state absorption in bulk ReS₂ [J]. Advanced Optical Materials, 2018, 6 (14): 1800137. 1-1800137. 8.

[314] Valligatla S, Haldar K K, Patra A, et al. Nonlinear optical switching and optical limiting in colloidal CdSe quantum dots investigated by nanosecond Z-scan measurement [J]. Optics and Laser Technology, 2016, 84: 87-93.

[315] Wang K, Szydlowska Owska B M, Wang G, et al. Ultrafast nonlinear excitation dynamics of black phosphorus nanosheets from visible to mid-Infrared [J]. ACS Nano, 2016, 10 (7): 6923-6932.

[316] 陈经纬. 有机 π 电子共轭化合物复合薄膜的三阶非线性光学性能研究 [D]. 济南: 山东大学, 2012.

[317] 王惠, 李淳飞, 张雷, 王玉晓, 李亚君. 基于反饱和吸收的无腔光学双稳态 [J]. 光学学报, 1994, (06): 595-598.

[318] 宋瑛林, 李峰, 王瑞波, 等. C₆₀/PMMA 的单重态激发态吸收光限幅研究 [J]. 光学学报, 1996, (10): 191-193.

[319] Xu Y, Jiang X-F, Ge Y, et al. Size-dependent nonlinear optical properties of black phosphorus nanosheets and their applications in ultrafast photonics [J]. Journal Of Materials Chemistry C, 2017, 5 (12): 3007-3013.

[320] Xu Y, Wang Z, Guo Z, et al. Solvothermal synthesis and ultrafast photonics of black phosphorus quantum dots [J]. Advanced Optical Materials, 2016, 4 (8): 1223-1229.

[321] Szydlowska B M, Tywoniuk B, Blau W J. Size-dependent nonlinear optical response of black phosphorus liquid phase exfoliated nanosheets in nanosecond regime [J]. ACS Photonics, 2018, 5 (9): 3608-3612.

[322] Zhang S, Li Y, Zhang X, et al. Slow and fast absorption saturation of black phosphorus: experiment and modelling [J]. Nanoscale, 2016, 8 (39): 17374-17382.

[323] Hanlon D, Backes C, Doherty E, et al. Liquid exfoliation of solvent-stabilized few-layer black phosphorus for applications beyond electronics [J]. Nature Communications, 2015, 6: 8563-8573.

[324] Xie Z, Zhang F, Liang Z, et al. Revealing of the ultrafast third-order nonlinear optical response and enabled photonic application in two-dimensional tin sulfide [J]. Photonics Research, 2019, 7 (5): 494-502.

[325] Suess R J, Jadidi M M, Murphy T E, et al. Carrier dynamics and transient photobleaching in thin layers of black phosphorus [J]. Applied Physics Letters, 2015, 107 (8): 081103. 1-081103. 4.

[326] Chen L, Zhang C, Li L, et al. Ultrafast carrier dynamics and efficient triplet generation in black phosphorus quantum dots [J]. Journal of Physical Chemistry C, 2017, 121: 12972-12978.

[327] Breusing M, Ropers C, Elsaesser T. Ultrafast carrier dynamics in graphite [J]. Physical Review Letters, 2009, 102 (8): 210-213.

[328] Gupta S, Whitaker J F, Mourou G A. Ultrafast carrier dynamics in III-V semiconductors grown by molecular-beam epitaxy at very low substrate temperatures [J]. IEEE Journal of Quantum Electronics, 1992, 28 (10): 2464-2472.

[329] Chen R, Tang Y, Xin Z, et al. Giant nonlinear absorption and excited carrier dynamics of black phosphorus few-layer nanosheets in broadband spectra [J]. Applied Optics, 2016, 55 (36): 10307-10312.

[330] Yuan Y, Li R, Liu Z. Establishing water-soluble layered WS_2 nanosheet as a platform for biosensing [J]. Analytical chemistry, 2014, 86 (7): 3610-3615.

[331] Mak K F, Lee C, Hone J, et al. Atomically thin MoS_2: a new direct-gap semiconductor [J]. Physical review letters, 2010, 105 (13): 136805-136810.

[332] Coleman J N, Lotya M, O' Neill A, et al. Two-dimensional nanosheets produced by liquid exfoliation of layered materials [J]. Science, 2011, 331 (6017): 568-571.

[333] Wang K, Wang J, Fan J, et al. Ultrafast saturable absorption of two-dimensional MoS_2 nanosheets [J]. ACS Nano, 2013, 7 (10): 9260-9267.

[334] Liu H-L, Shen C-C, Su S-H, et al. Optical properties of monolayer transition metal dichalcogenides probed by spectroscopic ellipsometry [J]. Applied Physics Letters, 2014, 105 (20): 201905.

[335] Beal A, Knights J, Liang W. Transmission spectra of some transition metal dichalco-

genides. II. Group VIA: trigonal prismatic coordination [J]. Journal of Physics C: Solid State Physics, 1972, 5 (24): 3540-3551.

[336] Li Y, Chernikov A, Zhang X, et al. Measurement of the optical dielectric function of monolayer transition-metal dichalcogenides: MoS_2, $MoSe_2$, WS_2 and WSe_2 [J]. Physical Review B, 2014, 90 (20): 205422: 1-6.

[337] Bikorimana S, Lama P, Walser A, et al. Nonlinear optical responses in two-dimensional transition metal dichalcogenide multilayer: WS_2, WSe_2, MoS_2 and $Mo_{0.5}W_{0.5}S_2$ [J]. Optics Express, 2016, 24 (18): 20685-20695.

[338] Wang J, Hernandez Y, Lotya M, et al. Broadband nonlinear optical response of graphene dispersions [J]. Advanced Materials, 2009, 21 (23): 2430-2435.

[339] Tutt L W, Boggess T F. A review of optical limiting mechanisms and devices using organics, fullerenes, semiconductors and other materials [J]. Progress in Quantum Electronics, 1993, 17 (4): 299-338.

[340] Palpant B. Third-order nonlinear optical response of metal nanoparticles [M]. Non-linear optical properties of matter. Springer. 2006: 461-508.

[341] Nie W, Zhang Y, Yu H, et al. Plasmonic nanoparticles embedded in single crystals synthesized by gold ion implantation for enhanced optical nonlinearity and efficient Q-switched lasing [J]. Nanoscale, 2018, 10 (9): 4228-4236.

[342] Sekhar H, Rao D N. Preparation, characterization and nonlinear absorption studies of cuprous oxide nanoclusters, micro-cubes and micro-particles [J]. Journal of Nanoparticle Research, 2012, 14 (7): 976-985.

[343] Khan M R, Chuan T W, Yousuf A, et al. Schottky barrier and surface plasmonic resonance phenomena towards the photocatalytic reaction: study of their mechanisms to enhance photocatalytic activity [J]. Catalysis Science & Technology, 2015, 5 (5): 2522-2531.

[344] Clavero C. Plasmon-induced hot-electron generation at nanoparticle/metal-oxide interfaces for photovoltaic and photocatalytic devices [J]. Nature Photonics, 2014, 8 (2): 95-101.

[345] Korn T, Heydrich S, Hirmer M, et al. Low-temperature photocarrier dynamics in monolayer MoS_2 [J]. Applied Physics Letters, 2011, 99 (10): 102109-102114.

[346] Zhang X-X, You Y, Zhao S Y F, et al. Experimental evidence for dark excitons in monolayer WSe_2 [J]. Physical Review Letters, 2015, 115 (25): 257403-257408.

[347] Cai Y, Lan J, Zhang G, et al. Lattice vibrational modes and phonon thermal conductivity of monolayer MoS_2 [J]. Physical Review B, 2014, 89 (3): 035438-035447.

[348] Sun Q-C, Mazumdar D, Yadgarov L, et al. Spectroscopic determination of phonon lifetimes in rhenium-doped MoS_2 nanoparticles [J]. Nano Letters, 2013, 13 (6): 2803-2808.

[349] Schmidt R, Berghäuser G, Schneider R, et al. Ultrafast coulomb-induced intervalley coupling in atomically thin WS_2 [J]. Nano Letters, 2016, 16 (5): 2945-2950.

[350] Rigosi A F, Hill H M, Li Y, et al. Probing interlayer interactions in transition metal dichal-

cogenide heterostructures by optical spectroscopy: MoS_2/WS_2 and $MoSe_2/WSe_2$ [J]. Nano Letters, 2015, 15 (8): 5033-5038.

[351] Mai C, Semenov Y G, Barrette A, et al. Exciton valley relaxation in a single layer of WS_2 measured by ultrafast spectroscopy [J]. Physical Review B, 2014, 90 (4): 041414-041423.

[352] del Corro E, Botello-Méndez A, Gillet Y, et al. Atypical exciton-phonon interactions in WS_2 and WSe_2 monolayers revealed by resonance Raman spectroscopy [J]. Nano Letters, 2016, 16 (4): 2363-2368.

[353] Hodak J H, Martini I, Hartland G V. Spectroscopy and dynamics of nanometer-sized noble metal particles [J]. The Journal of Physical Chemistry B, 1998, 102 (36): 6958-6967.

[354] Jain P K, Qian W, El-Sayed M A. Ultrafast electron relaxation dynamics in coupled metal nanoparticles in aggregates [J]. The Journal of Physical Chemistry B, 2006, 110 (1): 136-142.

[355] Zheng X, Zhang Y, Chen R, et al. Z-scan measurement of the nonlinear refractive index of monolayer WS_2 [J]. Optics express, 2015, 23 (12): 15616-15623.

[356] Yu Y, Si J, Yan L, et al. Enhanced nonlinear absorption and ultrafast carrier dynamics in graphene/gold nanoparticles nanocomposites [J]. Carbon, 2019, 148: 72-79.

[357] Ghidiu M, Lukatskaya M R, Zhao M Q, et al. Conductive two-dimensional titanium carbide ´clay´ with high volumetric capacitance [J]. Nature, 2014, 516 (7529): 78-81.

[358] Naguib M, Gogotsi Y. Synthesis of two-dimensional materials by selective extraction [J]. Accounts of chemical research, 2015, 48 (1): 128-135.

[359] Hu Q, Sun D, Wu Q, et al. MXene: a new family of promising hydrogen storage medium [J]. The Journal of Physical Chemistry A, 2013, 117 (51): 14253-14260.

[360] Wang J, Chen Y, Li R, et al. Nonlinear optical properties of graphene and carbon nanotube composites [M]. Carbon Nanotubes-Synthesis, Characterization, Applications. IntechOpen. 2011.

[361] Lashgari H, Abolhassani M, Boochani A, et al. Electronic and optical properties of 2D graphene-like compounds titanium carbides and nitrides: DFT calculations [J]. Solid State Communications, 2014, 195: 61-69.

[362] Gao L, Chen H, Zhang F, et al. Ultrafast relaxation dynamics and nonlinear response of few-layer niobium carbide MXene [J]. Small Methods, 2020, 4 (8): 2000250-2000261.

[363] Wang G, Bennett D, Zhang C, et al. Two-photon absorption in monolayer MXenes [J]. Advanced Optical Materials, 2020: 1902021-1902029.

[364] Kulyk B, Waszkowska K, Busseau A, et al. Penta (zinc porphyrin) [60] fullerenes: Strong reverse saturable absorption for optical limiting applications [J]. Applied Surface Science, 2020, 533: 147468-147479.

[365] Lu S, Sui L, Liu Y, et al. White Photoluminescent Ti_3C_2 MXene quantum dots with two pho-

ton fluorescence [J]. Advanced Science, 2019, 6 (9): 1801470-1801479.

[366] Guo J, Shi R, Wang R, et al. Graphdiyne-polymer nanocomposite as a broadband and robust saturable absorber for ultrafast photonics [J]. Laser & Photonics Reviews, 2020, 14 (4): 1900367-1900378.

[367] Brongersma M L, Halas N J, Nordlander P. Plasmon-induced hot carrier science and technology [J]. Nature Nanotechnology, 2015, 10 (1): 25-34.

[368] Urayama J, Norris T B, Singh J, et al. Observation of phonon bottleneck in quantum dot electronic relaxation [J]. Physical Review Letters, 2001, 86 (21): 4930-4933.

[369] Satheeshkumar E, Makaryan T, Melikyan A, et al. One-step solution processing of Ag, Au and Pd@ MXene hybrids for SERS [J]. Scientific Reports, 2016, 6 (1): 32049-32055.

[370] Wang J, Ding T, Wu K. Charge transfer from n-doped nanocrystals: mimicking intermediate events in multielectron photocatalysis [J]. Journal of the American Chemical Society, 2018, 140 (25): 7791-7794.

[371] Jiang X, Liu S, Liang W, et al. Broadband nonlinear photonics in few-layer MXene $Ti_3C_2T_x$(T = F, O, or OH) [J]. Laser & Photonics Reviews, 2018, 12 (2): 1700229.

[372] Dong Y, Chertopalov S, Maleski K, et al. Saturable absorption in 2D Ti_3C_2 MXene thin films for passive photonic diodes [J]. Advanced Materials, 2018, 30 (10): 1705714.

[373] Wu K, Chen J, McBride J R, et al. Efficient hot-electron transfer by a plasmon-induced interfacial charge-transfer transition [J]. Science, 2015, 349 (6248): 632-635.

[374] Gao L, Chen H, Zhang F, et al. Ultrafast relaxation dynamics and nonlinear response of few-layer niobium carbide MXene [J]. Small Methods, 2020, 4 (8): 2000250.

[375] Kalanoor, Basanth, S., et al. Optical nonlinearity of silver-decorated graphene [J]. Journal of the Optical Society of America B, 2012, 29: 669-675.